水果与香草

SWEET AND FRAGRANCE OF BOTANY

甜蜜芬芳的植物学

史

U0178553

广西师范大学出版社
·桂林·

目录・水果

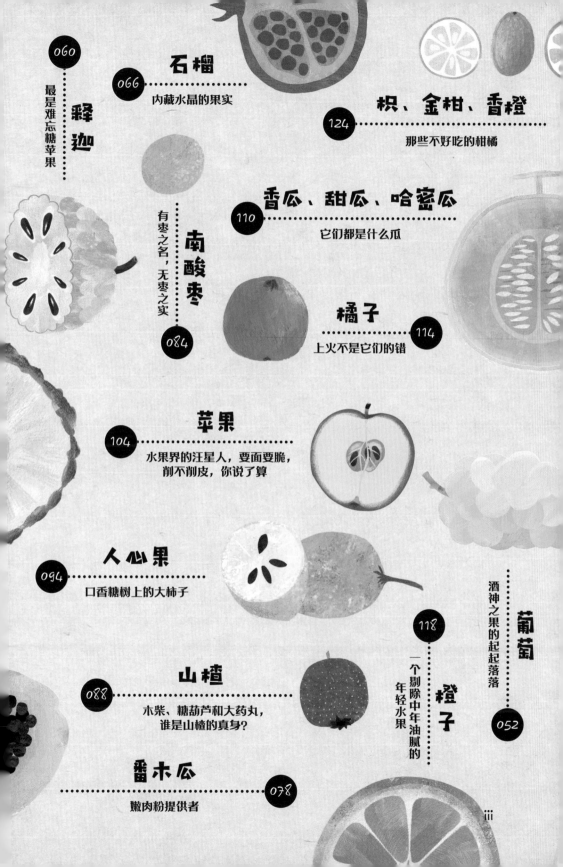

iii

目录 · 香草

FRUIT

水果

草莓 STRAWBERRY

大航海时代带来的美艳水果

毫无疑问，草莓是最美丽的话题水果。每个草莓季，都会有一大堆关于草莓的流言出现："草莓是用农药最多的水果""空心草莓都是用激素催大的""掉色的草莓都是用了色素和保鲜剂"……还能不能愉快地吃草莓了？

古代的草莓不是草莓

在聊草莓之前，我们先来理一理草莓家族的身世。

首先要说清楚一件事情——今天我们所熟悉的草莓其实是一种非常年轻的水果，它们诞生于1750年，诞生地是法国。

草莓家族是一个庞大的家族，包括50个野生种和1个栽培种（凤梨草莓）。早在古罗马时期，人们就开始采集野生草莓用作药物，注意，是药物！在普林尼的著作中就有对草莓的记载。但是当时人们采集的草莓并不是我们今天在市场上买到的草莓，而是欧亚大陆的一些野生草莓。这些果子，不管是森林草莓、黄毛草莓还是东方草莓，即便风味再浓郁也都是袖珍果子。

今天我们在市场上买到的草莓并不是野生种的简单复制，因为它们的染色体组成完全不同。草莓栽培品种都是染色体数目加倍以后的8倍体（细胞内有8组染色体），而一般的野生种几乎都是2倍体和4倍体。

通常来说，多倍体植物要比2倍体植物的个头大，所以我们吃的栽培草莓个头远远超过野生草莓，也就不值得奇怪了。

"欧洲人"的老家在美洲

更有意思的是，目前我们吃的大果凤梨草莓，其实是跨越大洲的爱情结晶——它是弗州草莓和智利草莓的爱情结晶，前者来自北美洲，后者来自南美洲。在 16 世纪的时候，弗州草莓先被引入了欧洲，这种草莓虽然有很浓郁的香气，但无奈的是个头比较小，并没有比它的欧洲表亲表现得出色太多，所以一直没有脱颖而出。

直到欧洲殖民者在智利发现了当地人栽培的智利草莓，情况才出现转机。智利草莓被带回欧洲后，一开始完全不结果。后来发现，只有那些跟弗州草莓或森林草莓栽种在一起的智利草莓才能结果——原来，智利草莓是雌雄异株的，它们需要授粉才能结果。

于是，弗州草莓和智利草莓产生了一个优秀的爱情结晶，就是大果凤梨草莓。它结合了两者的优点，既有弗州草莓的浓

郁风味，又有智利草莓的个头，简直是天作之合，人类也因此又拥有了一种近乎完美的水果。

在随后的二百多年时间里，园艺学家不断地挑选培育，草莓得到了全面的改造，拥有了更加诱人的外形。大果凤梨草莓是目前唯一的栽培种，至于市场上的章姬、红颜、丰香、艳丽等，都是凤梨草莓的不同品种名而已。

挑选草莓的时候，在不能尝的情况下怎么能保证买到好吃的草莓？

毫无疑问，好吃的草莓要有甜、香、多汁这三大特征。至于果肉的软硬，那就仁者见仁，智者见智了。

要想选到好吃的草莓，首先要选对品种。比如，红颜和幸香就是甜度比较高的品种，章姬的香气比较足，至于艳丽，确实有着十足漂亮的外衣，不过酸度也比较明显。

其次，成熟度对草莓风味的影响很大。除了樱酪白等即便成熟也带有白色的特殊品种，成熟的草莓都应该有靓丽的红色。再者，气温对草莓的影响也很大，比如低温和连续阴雨就会影响草莓的甜度。

草莓是最脏的水果，有 22 种农残，真的吗？

草莓在种植过程中会不会使用农药和化肥？多半会用。草莓可能染上病毒、真菌等一系列病害，用药在所难免。但是要多到 22 种农药才能搞定，那也是不可想象的。农场主难道不会算成本吗？农药难道是免费的，能无限制随便用吗？

脱离了剂量谈安全都是耍流氓，"能检测出"跟"能危害人的健康"是两码事。其中的道理就不细说了。盐吃多了也能致死，但是咱也不会吃那么多啊。

草莓怎么洗才安全？

其实不推荐长时间浸泡，流水冲洗即可。长时间浸泡反而有污染物渗入的风险，并且会极大影响草莓的口感。

空心草莓是不是用膨大剂了？

草莓空心不空心跟品种和生长条件都有关系。比如"艳丽"就是典型的空心草莓，几乎个个都是空心，在空心中甚至有个小舌头。另外，在草莓成熟期，过量的水分和肥料供应会让草莓出现空心现象。

附带说一下，"用牛奶浇灌出牛奶草莓"只是一个噱头而已。植物本身不能直接吸收蛋白质和脂肪，牛奶里的也不例外。与其浇灌牛奶，还不如来点农家肥实在得多。

不同的莓

　　蛇莓是最像草莓的果子，但是小时候，爸妈都不让我们吃。不让吃的理由是，蛇莓表面都有蛇爬过，是有毒的——当然，这不是真的。蛇莓是草莓的亲戚，是蔷薇科蛇莓属的植物，也可以食用，只是有一些微毒，所以不建议当水果吃。当然，蛇莓果子也不好吃。

　　蓝莓跟美丽的杜鹃花是同出一门的表兄弟。蓝莓的学名叫越橘，是杜鹃花科越橘属的成员。越橘属是一个大家庭，整个家族有 400 多位兄弟，在欧亚大陆和美洲大陆都有它们的身影。目前，最著名的栽培种是北高丛蓝莓和兔眼蓝莓。其实中国的笃斯越橘、红豆越橘和乌饭树都是蓝莓家族的成员，只是没有开发成水果而已。

蔓越莓也是蓝莓的亲戚。蔓越莓鲜食并不好吃，更适合做果酱。采收蔓越莓的场面非常壮观，要在果田里面放水，让果子漂起来，然后像捞海洋球一样捞起来。

树莓和黑莓是蔷薇科悬钩子家族的成员，我们吃这些果子的时候会发现，树莓的种子是包裹在果肉里的。那是因为树莓家族的果实是小核果，我们吃的部位是它们的果皮，而不是像草莓那样吃的是花托结构。

鹅莓是茶藨子家族的成员，它还有一个名字叫醋栗。看名字就知道它的味道实在是普通人难以接受的，更多是出现在甜品或者鸡尾酒之中，作为画龙点睛的点缀，并不是一种好的鲜食水果。

今天在吃草莓的时候，还是要感谢那些辛勤的园丁——正是他们的不懈追求，才让我们拥有了如此美妙的水果。

有机种植好不好？

当然好，又没有农药，又对环境友好。只有一个缺陷——费钱，对我们的钱包不够友好。

用农家肥就是有机种植吗？

错。如果农家肥使用过多，破坏了土壤结构，也不叫有机种植。

反过来说，用化肥至少有一个好处，那就是阻断了寄生虫的传播，比如我们今天都不再吃宝塔糖、肠虫清这些打虫药了。

感觉我们吃到的有机蔬菜和水果更好吃？

别怀疑，这种感觉是真的。有机种植的供应范围通常比较小，运输路程也比较短，可以让大家吃到最好状态的蔬果。巨大的利润空间也可以保证运输过程的及时性和保鲜性能，当然好吃了。

不过，有机蔬果的营养未必更好，基本上和非有机种植的蔬果没有明显差别。就品相而言，因为无法有效驱虫和实时补充，品相甚至可能更差一些。

百香果 PASSION FRUIT

百种滋味绽放激情

　　人的口味千差万别，"众口难调""萝卜白菜各有所爱"这些俗语就是最真实的写照。但是，有些调味品却能满足大多数人对美味的渴求。比如说传奇的"十三香"——酸甜苦辣调和之后，把大家的味蕾整得服服帖帖。在水果界也有这样的"十三香"，那就是百香果。

百变百香

　　最初接触百香果是从百香果饮料开始的。那是在西双版纳的一个烧烤摊上，看上去平平无奇的饮料滑入喉咙，百种滋味绽放开来，一种浓郁的热带风情从舌尖一直滑落到喉咙，简直"惊为天物"。那是一种包含了芒果、凤梨和香蕉风味的混合滋味。在后面的一周时间里，我基本上把这种饮料当成白开水来喝了。

　　后来才知道，百香果的味道远比饮料浓郁得多。切开紫色的、鸡蛋一样的果子，里面的每粒小种子都背着一袋金黄色的果汁，伴随着水果香气在嘴巴中绽放的，还有蔓延开来的极度酸爽感觉——这也成了很多朋友并不喜欢百香果的原因。但是很多朋友并不知道，百香果家族中也有甜如蜂蜜的。

　　百香果从何而来？它们为什么有这么神奇的风味？

热情之果，奇特之花

对于身处欧洲和亚洲的人来说，百香果绝对是种新奇的果子。这些风味独特、可食用的果子，老家都在南美洲，16 世纪之后，才随着欧洲殖民者的航船前往世界各地开枝散叶，整个热带地区都看得到百香果的身影。

百香果并不是一种植物的名字，而是"一大家子"植物——整个西番莲科西番莲属中有 60 多个种可以提供果汁丰富的果子，它们都可以被称为百香果。只不过，到目前为止，百香果的主力物种只是鸡蛋果（*Passiflora edulis*）；根据果皮的颜色，又可以分为紫色种和黄色种。在市场上，包括在本文中提到的百香果，如果没有特殊说明，就是指这两个种。

在英语中，百香果被称为"passion fruit"，所以在中文里，很多时候都直接翻译成了热情果。在很多中文文章中，还添油加醋地解释了它被叫作热情果的原因，说吃了它之后可以活力百倍……其实，这些都只是误读而已。

当年西班牙人刚刚来到南美洲的时候，就发现百香果的花朵形态最立体、最奇特，"像睡莲一样张开的花冠，像睫毛一样的副花冠，还有从花朵中升起的雌蕊和雄蕊像搭积木一样组成了花朵"。百香果的花朵不仅形态奇特，作息时间也非常有趣，堪称"太阳下的昙花一现"。紫色种的花朵，早上 6 点开始打开花蕾，中午 12 点的时候开放到最大，待到晚上 8 点的时候，花朵就会慢慢闭合，等到太阳升起的时候，花朵就合上了。如果想欣赏它们的美丽，最好是在中午守候在它们的藤蔓旁。

除了黄色种，其他种类的百香果都必须经过异花授粉才能结果，这项工作在百香果的原生地是依靠木匠蜂来完成的；而在大多数百香果农田中，就只能由人工代劳了。再加上百香果的开花时间非常短暂，授粉不易，所以百香果论个来卖，也是合情合理的。

种子背着营养果汁包

在授粉完成之后，百香果的果子就开始缓慢地生长，慢慢从鹌鹑蛋大小变成了鸡蛋大小。但是在它们还没有褪去绿色外衣、变黄或者变紫之前，千万不要着急采摘。因为百香果虽然在采摘之后还能完成成熟，但是其中的风味物质会受到很大的影响，不仅果味减半，还会有浓重的青草味。我们在市场上买到的味道不好的百香果，多半是过早采摘造成的。

对于百香果，很多朋友其实又爱又恨——香味浓郁自不必说，这是最爱；但是每个果汁囊里都包裹着一粒黑色的种子，着实让人头疼。要想完全去除种子的影响，又会损失很多果汁……真的是个两难的抉择。为什么这个果汁包要跟种子紧紧捆绑在一起呢？

其实道理很简单，黄色的果汁包是种子的外套，这个被称为"假种皮"的结构本身就是为了吸引动物取食，顺便帮助种子行走天下而准备的。荔枝和榴莲的果肉亦是如此，只不过百香果的种子更多，假种皮包装也更精细而已。

这个策略显然非常成功，百香果那种浓郁的香气，确实让大多数朋友对种子的事情毫不在意了。

百香从何而来

百香果的风味究竟从何而来呢？化学分析后发现，百香果中藏着的风味物质可以用"庞杂"来形容！紫色百香果含有 70 多种风味物质，而黄色种的风味物质则多达 165 种！看到这个数字，我们也就不难理解百香果为何有如此复杂的风味了。

当然，风味物质也有多寡之分。不管是黄色种还是紫色种，都含有共有的风味物质——丁酸乙酯、己酸乙酯、丁酸己酯和己酸己酯。这四种物质提供了一些很迷人的香气：香蕉、菠萝等甜果香气，青刀豆香气，生水果香气……这也就是百香果拥有几乎所有常见的水果香气，以及代表性热带水果香气的原因。

当然了，除了香气，百香果的营养也一点不含糊。它不仅富含大量的膳食纤维，还含有 β- 胡萝卜素和维生素 C，同时也是各种矿物质（如铁和磷）的有效来源。百香果带给我们的不仅仅是香气和酸爽，还有健康。

百香果大家族

并不是所有朋友都喜欢酸爽的感觉，怕酸的人大概会对百香果退避三舍。

其实，百香果也有纯甜的表兄弟，甜百香果（又名哥伦比亚热情果，*Passiflora ligularis*）就是其中之一。这种果子是金黄色的，个头也比普通百香果大得多，更有意思的是，它的果汁颜色是接近透明的。甜百香果有个最重要的优势——入口的味道甜如蜂蜜，于是身价也是普通百香果的数倍。

除了甜百香果，还有香蕉百香果（*Passiflora tarminiana*）。不仅长圆形的模样与香蕉有几分神似，据说风味也更接近香蕉。香蕉百香果虽然味道不错，但也会给人类带来麻烦。在夏威夷等地，这种植物已经成为极具危险性的入侵植物。它的藤蔓能迅速爬上大树，与当地植物竞争阳光和水分，最终导致土著植物的死亡，堪称绿色杀手。还好，科研人员已经找到了一些对付这些恶霸植物的方法，可以让它们继续温柔地提供果实。

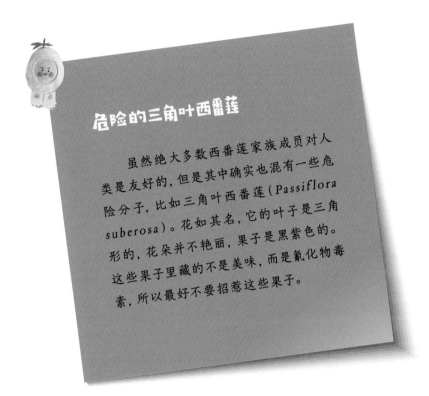

危险的三角叶西番莲

虽然绝大多数西番莲家族成员对人类是友好的，但是其中确实也混有一些危险分子，比如三角叶西番莲（Passiflora suberosa）。花如其名，它的叶子是三角形的，花朵并不艳丽，果子是黑紫色的。这些果子里藏的不是美味，而是氰化物毒素，所以最好不要招惹这些果子。

在西番莲家族中，还有一些专供观赏的种类，比如红花西番莲就是园艺花卉圈里的明星。它除了拥有同样立体的花朵造型，花瓣还都是火红色的，在夏日庭院中分外夺目。

正如它的滋味一样，百香果在自然界中也扮演着多种多样的角色。而人类对百香果的体验过程，也是对自己的认识过程：在这一个个圆溜溜的果实中，我们品到的不仅仅是热带风情，还有自然界的生存百味。

菠萝蜜 JACKFRUIT

热带水果的一皇二后

分门别类，安排等级，简直就是人类的天生爱好。这件事在水果界也表现得淋漓尽致，各种称王称霸的水果层出不穷，什么维C之王、健康之王、减肥之王……不管人家水果愿意不愿意，脑袋上的名头已经加了一大堆了。

当然，这里面的争议也远远多于共识。只有在一件事情上很少有异议，那就是——榴莲是热带水果之王。这种味道独特、让人成瘾的水果坐上皇帝宝座，自然无可非议。

有了皇帝，那必须要有皇后啊。但是，山竹和菠萝蜜都被称为热带水果皇后，一皇二后的情况就出现了。那么究竟谁才应该成为榴莲的"伴侣"呢？别忙，我们来盘点一下二位待选皇后的特征，看谁是后宫正主的最佳"果选"。

配合皇帝相貌的大胖子皇后

第一回合当然要比拼相貌，看看是否般配。

这一局简直没有悬念：三种水果摆在一起，山竹就是个典型的局外人，圆溜溜的小果子与其他两位完全没有可比性。榴莲和菠萝蜜那硕大的果实，带刺的外衣，会让人有种错觉——它们就是一种植物在不同生长环境下的变异而已。

别急，虽然榴莲和菠萝蜜的相貌非常相似，但是它们不是一个家族的成员。榴莲是木棉科的成员，菠萝蜜则是桑科的植物。虽然二者都是大胖子，甚至都是老茎生花，但这完全只是巧合。

与榴莲是一个单果不一样，出身桑科的菠萝蜜长出的可是不折不扣的聚合果。这种果子可以长到35千克。一个大大的菠萝蜜，是由很多很多个小果子组成的——打开菠萝蜜之后，

每一个可食用的椭圆形或者锥形果粒，都是一个独立的小果子。

若是论辈分，与菠萝蜜更亲近的倒是面包果（bread fruit，注意不是猴面包树），它们都是桑科菠萝蜜属（桂木属）的成员。

第一回合显然是菠萝蜜胜出。虽然来源和果实种类不同，但菠萝蜜与榴莲在形态上的相似性还是不可忽略的。况且两者都有老茎生花、老茎结果的特征，菠萝蜜拔得头筹也在情理之中。

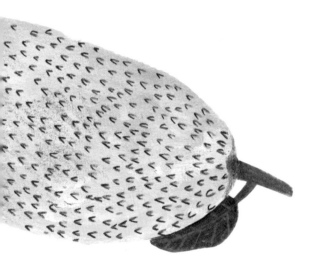

谁是榴莲的老乡

说到选皇后，必然要涉及地域出身。

榴莲的产地在东南亚的热带雨林之中。当温度低于22℃的时候，榴莲就无法生长了。到目前为止，在中国鲜有榴莲种植。

与榴莲一样，山竹也是极其娇嫩的水果。它大门不出，二门不迈，时至今日也几乎都窝在东南亚的小范围之内。它天性怕冷，很难在热带之外的区域栽种。再加上多数种子几乎是不育的，更是限制了它扩展的速度。就这个层面来看，山竹倒是跟榴莲更为般配。

至于菠萝蜜，它的原产地主要是印度，在那里，菠萝蜜的栽培历史已经长达3000年。1000多年前，菠萝蜜被引入中国种植，成为广西、云南等地的重要水果，并一直延续到了今天。

这一轮，显然是山竹占得先机，攀上了老乡的关系。

食用部位的比拼

第三回合，比的是可食用的部位。

榴莲的食用部位既不是果皮，也不是种皮，而是一个叫作"假种皮"的部位。虽然山竹与榴莲完全是不同科属的植物，但是山竹的食用部位也是假种皮。

至于菠萝蜜，吃的部位就非常复杂了。前面说到，每一个菠萝蜜果瓣都是一个单独的小果子，然而我们吃的果肉并不是它们的果皮，而是"花被片"；就结构而言，相当于百合花的花瓣。在种子外面还包裹着一层像秋衣一样的薄薄的果肉，那才是真的果皮。然而，与羽绒服一样的花被片果肉相比，这层"秋衣"显然可以忽略不计了。

值得注意的是，不同品种的菠萝蜜，果肉有完全不同的风格。其中有软糯如奶酪的品种，被称为"湿包"；也有果肉脆爽的品种，被称为"干包"。究竟哪种好吃，完全凭个人喜好了。

这一轮显然是山竹胜出，与榴莲一样，吃的部位都是假种皮。

可生可熟的平民果实

第四回合，比的是食用的方法。

对于"让人疯狂"的榴莲，怎么吃根本就不是问题，不管是剥开直接吃，冻成冰激凌吃，抑或是烤成榴莲酥、做成榴莲比萨……都是"吃货"锁定的目标。就吃法多样性而言，榴莲堪称多面手。

山竹的吃法就略显单薄了。除了在高级的水果沙拉中略微客串一下，这种柔软多汁的娇气水果，还是早点送到嘴巴里比较保险，不要瞎折腾了。

而菠萝蜜的食用方法也是多种多样的。除了直接剥开吃之外，把菠萝蜜的果肉做成蜜饯和果干，又是另一种风味。更特别的是，菠萝蜜果实成熟之前还可以当作蔬菜来食用——在马来西亚、印度尼西亚等东南亚国家都流行着菠萝蜜咖喱，那就是用菠萝蜜烹制的典型菜肴了。

不仅如此，榴莲和菠萝蜜还有一个相似之处——它们的种子都是可以食用的，煮熟之后，口感如同甘甜软糯的花生或板栗。就这点而言，山竹是万万没有机会参与比拼的。

　　在这一回合，显然是菠萝蜜更胜一筹。

　　最终，山竹和菠萝蜜各有特色，都有能配得上榴莲的优点。考虑到水果界复杂的伦理关系（可以参见本书《橙子》），多一个不多，少一个也不少，索性就让榴莲幸福地牵起菠萝蜜和山竹两位皇后的手吧。

吃菠萝蜜容易长胖吗？

　　当然！虽然菠萝蜜的脂肪含量不超过 0.5%，但是架不住里面的糖多啊……特别是可溶性糖（葡萄糖、果糖）的含量可以达到 25%。这么多糖，要是无节制地吃下去，想不胖都难。

剥开菠萝蜜的时候，手上黏糊糊的怎么办？

　　砍开新鲜菠萝蜜时，果壳上会渗出很多乳白色的汁液，像胶水一样，沾到手上很难去掉。这可是菠萝蜜对抗不友好动物的武器。告诉你一个小窍门：如果手上沾了"乳汁"，可以用保鲜膜沾走它。

车厘子 CHERRY

冬天来颗甜甜的洋樱桃

冬天的水果摊几乎被蔷薇科和芸香科两大家族占领了，前者有苹果和梨两员猛将，后者有橘子、橙子和柚子三大精英，这五种水果几乎统治了从深秋到初夏的中国水果市场。还好，随着物流技术的发展，我们在冬天也能吃到来自美洲的新鲜水果。苹果、橘子的垄断地位，要被一粒小小的车厘子打破了。

樱桃和车厘子，自古东西大不同

车厘子和樱桃的姓名之争由来已久，我在其他文章里也曾经说过，车厘子就是英文"cherries"的音译而已，所以车厘子就是樱桃。当然，这里说的樱桃是广义上的樱桃，要是细细说起来，车厘子代表的樱桃，与中国传统的樱桃还真不是一个东西。

中国传统的樱桃是皮薄肉软的中国樱桃。这种水果在中国有非常久远的历史，最早的记载出现在周代《礼记·月令》。虽说栽培历史悠久，但中国樱桃自始至终都不是大宗水果，供应期短、柔软的果肉不易储存运输是它的软肋。更不用提樱桃树难栽了。

在中国樱桃一直作为水果圈配角而存在的时候，它们的欧洲洋表兄开始大张旗鼓地发展起来。

早在公元前 72 年，罗马的史官就记录了从波斯带回樱桃并栽培的事。除了有迷人的外表之外，欧洲甜樱桃的身板也不错，较为紧实的果肉经得起长距离运输的折腾，单单这点就比只能树下尝鲜的中国樱桃强百倍了。

但是要注意，不是所有的洋樱桃都可以跑到水果市场上充当车厘子。

不是所有洋樱桃都是车厘子

欧洲培育的樱桃分为欧洲甜樱桃和欧洲酸樱桃。它们的老家都在欧洲、西亚和北非区域。前者是目前市场上鲜食品种的主力，后者则主要占领罐头市场。

欧洲酸樱桃简直就是跟人的牙齿过不去，但是这并不妨碍它在罐头界和果汁界表现优异。稳定的外观和风味赋予了它特殊的能力，我们在各种糕点上看到的装饰樱桃都是欧洲酸樱桃。

而市场上的车厘子是欧洲甜樱桃，它果柄长，个头大，甜度高，汁水多，风味好。

身份、个性大不同的车厘子家族成员

当然，今天的车厘子已经不是当年的车厘子了，经过多年的培育，车厘子家族已经异常庞大。特别是 19 世纪被欧洲人携带着登陆美洲之后，车厘子家族更是得到了前所未有的扩充。目前，美国、加拿大、澳大利亚、新西兰、南非、智利是最大的车厘子生产国。

不同的颜色（从浅粉到深紫）、不同的甜度、不同的口感，让车厘子家族成为一个新兴的水果家族，总有一款适合你的口味。

适合尝鲜的早熟品种

大红女王——布鲁克斯（Brooks）

布鲁克斯果实呈扁圆形，个头比较大。果皮是漂亮的大红色，连果肉也是大红色的。果肉脆爽，糖酸比高，是体验甜蜜的不错选择。

布鲁克斯是布莱特（Burlat）和雷尼尔（Rainier）的杂交品种，由加州大学戴维斯分校育成，并于1987年开始推向市场。

深红蜜糖——桑缇娜（Santina）

桑缇娜的果肉软硬适中，从皮到肉，甚至连果汁都是深红色的。糖度在17以上，由于酸度比较低，吃起来嘴巴里充盈的都是甜蜜的滋味，称其为"深红蜜糖"一点都不过分。

皇家口味——皇家囡（Royal Dawn）

与桑缇娜的模样很相似，只是红色略浅；混在一起的时候，真的不容易分辨。但是口味上有所差别。

这个品种于1984年在加利福尼亚选出，于2001年注册为新品种。果皮从红色到深紫色，果肉紧实，糖酸比适中，是拥有平衡口感的早熟品种。

红宝果实——先锋（Van）

具有红宝石般的观感，是果肉紧实的早熟品种，在春季也是极好的观花品种。这个品种于1942年前后在加拿大萨默兰育成。果实大小均匀，果形为肾脏形，果皮橘红色，果肉硬而脆，味道极美。

里程碑——红杉（Glen Red）

这种樱桃果肉爽脆，从表皮到果肉都是深红色的，通常是最早上市的。与此同时，它克服了原有品种柔软多汁、不耐储运的缺点。它的出现，成为樱桃市场的里程碑。

20世纪90年代，这个品种由园艺学家于加利福尼亚的勒格兰德育成，并于2006年开始推向市场。

中坚力量——中熟品种

中国渊源——宾（Bing）

宾樱桃是历史最悠久、种植范围最广的樱桃，于1870年由园艺师塞思·莱维灵（Seth Lewelling）和他的中国助手阿冰（Ah Bing）共同选出，并且以后者的名字"Bing"来命名。

这个品种的樱桃外观呈心形，果实硕大。暗红色的表皮之下包裹着红宝石般多汁的果肉。它的口味和质感可以满足大众对樱桃的所有想象。

金色美味·雷尼尔

金黄的底色上透出鲜亮的红晕，这种金黄色的樱桃果实就如金色的蜂蜜一样充满甜蜜的诱惑。这种樱桃的糖度可以达到17以上，甚至可以轻松撞线20——要想体验甜蜜，雷尼尔樱桃是不二之选。

1954年，它由美国华盛顿州立大学农业实验站选出，宾和先锋是它们的父母。

让蜜蜂下岗的樱桃——斯坦拉（Stella）

这是世界上第一种自花授粉就可以结果的樱桃——对，没错，只要种一棵斯坦拉樱桃树就有樱桃吃，而其他品种的樱桃树至少需要两棵。

这个品种由加拿大太平洋农业食品研究中心（夏地）育成。果实大，呈心脏形，果顶钝圆。表皮是紫红色，艳丽美观。果梗细长，果肉淡红色，肉质紧实，汁多，甜酸爽口。

中坚力量——拉宾斯（Lapins）

这是一个加拿大的樱桃品种，于1965年由加拿大太平洋农业食品研究中心（夏地）育成，是先锋和斯坦拉的杂交后代，也是目前在世界范围内栽培量较多的樱桃之一。

拉宾斯的果实比较大，大果可以达到12克。它的果子是近圆形或卵圆形的。果皮紫红色，果肉浅红，果肉较硬，汁多。唯一的小缺憾是果皮稍厚。但正因如此，这些樱桃才能完好地从果园来到我们身边。

最后的盛宴——晚熟品种

充满爱意的果子——考迪亚（Kordia）

捷克育成的晚熟樱桃品种，果实是漂亮的心形。果皮呈现出特别的深红色，甚至有红到发黑的感觉。果肉非常紧实。

花木兰——斯基纳（Skeena）

加拿大太平洋农业食品研究中心（夏地）培育，于1997年推出。果肉硬，个头也大，果柄粗。果实颜色暗红至黑红色，抗裂果，可以自花结实。总之处处都透出花木兰一般的豪气。

浓情爱意——甜心（Sweet Heart）

属于晚熟品种，最后才出现在市场之上。甜心樱桃的个头大，表皮和果肉都是深红色的，果肉紧实脆爽，糖度也非常高。成熟期比拉宾斯要晚两星期左右。浓情的颜色和甜蜜滋味正是美好的爱之选择。

无尽的回味——雷洁娜（Regina）

德国的晚熟樱桃品种，颜色深红，果肉紧实，风味独特。作为最晚上市的樱桃之一，雷洁娜带给我们的不仅仅是对樱桃季的留恋，更是对下一个樱桃季无尽的遐想。

菠萝和凤梨 PINEAPPLE

到底是不是一个东西?

　　菠萝和凤梨到底是不是一个东西? 这绝对是每年春季水果圈最火热的问题, 没有之一。为了这个问题, 大家争论不休。在这两个名字上耗费的口水到底有没有价值呢?

　　对这个问题, 我只能说, 菠萝是凤梨, 也不是凤梨。

　　莫急莫急, 且听我把话说完。

首先说，菠萝是凤梨。

菠萝是凤梨科凤梨属的植物。整个凤梨科家族极其庞大，一共有 2000 多种，花卉市场里面的观赏凤梨、空气凤梨都是凤梨科家族的成员。然而，这个庞大的家族里，真正能吃的却少之又少，进入人类餐桌的就只有一种，那就是菠萝或者凤梨，拉丁学名 *Ananas comosus*。

这个物种中文名的来源有二：一是菠萝的顶芽看上去像凤凰尾巴，所以叫凤梨；二是跟菠萝蜜相像，所以假借了人家的名字，变成了菠萝。这就为今天的争斗埋下了种子。如果这件事放在英语世界就完全不成为问题，因为它们都叫"pineapple"。

很早之前这种植物就被南美人民开发成水果了，到今天大概已经种植了将近 4000 年。后来它被哥伦布碰上了。欧洲人真的对用"苹果"命名植物情有独钟啊——腰果的果托叫"cashew apple"，释迦叫"sugar apple"，莲雾叫"wax apple"，菠萝叫"pineapple"……这命名规则倒是简单直白。

不管怎样，菠萝或者凤梨在植物学上都是一个东西，世界上也只有这一个物种。

再来聊聊为什么大家觉得菠萝不是凤梨。那是因为凤梨（菠萝）确实有一大堆不同的品种，单单从大类上就可以分成卡因种、皇后种等种类。不同种类的个性差别极大，比如冠芽边缘有刺没刺，果眼深还是浅（吃之前要不要挖眼），菠萝蛋白酶多或者少……这些特性组合起来，于是出现了"凤梨不是菠萝"的说法。

我国台湾培育出了一系列果眼浅的品种，金钻菠萝、牛奶菠萝都是典型的无眼菠萝。这也是市场上被贴上凤梨标签的商品物种。当然，这些新品种除了无眼、甜美多汁，还有一个特点就是吃着不扎嘴，不用泡盐水。这是因为这些品种的菠萝蛋白酶含量很低，不会引起过敏和不适症状。

总结一下，菠萝和凤梨只是不同商家给自己品种的新定名而已，就像蛇果仍然是苹果，奇异果仍然是猕猴桃，士多啤梨仍然是草莓一样。

福橘和金橘
节日中的美好果树

KUMQUAT

　　人类特别在乎"气氛"这件事情，中国人尤其如此。庙堂里要庄重，课堂里要严肃，新房里要浪漫，那年节的时候当然要热闹了。如何让气氛显得热闹，这就是装点的学问了。剪窗花，写春联，倒贴一个大大的福字……人们很少追究其中的文化含义，其实就图一个喜庆和热闹。

　　然而这些还不够。毕竟新春佳节是万象更新、万物复苏的时节，这个时候怎么能缺少生机勃勃的花卉和植物呢？不过选植物就有讲究了，不仅要漂亮，还要有好寓意、好口彩。我想，大概很少有中国人愿意在大年初一的时候，在家里的花瓶中插上几枝梅花。因此，象征"福吉双至"的福橘和金橘，自然受到大家的欢迎。

　　不过，家中的小朋友关心的可不是大人嘴里的吉利话，而是这些小橘子树上的橘子，究竟能不能吃，好不好吃。

来头不小的宽皮橘

虽然春节的时候花店都会以"福橘"为名出售小橘子树，但人家的正式名称是宽皮橘。它是与柚子和香橼平起平坐的柑橘家族"三元老"之一。顾名思义，宽皮橘的特点就是果皮比较宽松，容易与橘瓣剥离。

中国人吃橘子的历史相当悠久，栽培的历史可以追溯到公元前 2000 年。在《吕氏春秋》中就有"江浦之橘、云梦之柚"这样的文字。相比个性十足的香橼和柚子，宽皮橘要显得平庸许多。像南丰蜜橘这样传统正宗的宽皮橘，几乎就是中国人对于柑橘的最初认识。

长期以来宽皮橘都是中国水果圈的主角。作为果树，宽皮橘树的个头自然是不低的，直接搬回家中不太可能。再加上橘子树本身是亚热带果树，要想在北方大地的新春时节出现，也不是一件容易的事情。所以一些果实多但个头不大的种类，例如有着朱红色果皮又耐寒的朱橘类品种，就成了北方年节橘树的首选。至于南方，可以选择的橘树种类就多了，比如说产于福建，正名就叫福橘的种类就很适合南方栽种，而且这样的口彩也实在没的说了。

只是，硕果累累的景象是以燃烧橘树的营养储备为代价的。通常年节摆放过的橘树很难恢复元气，这与树小果多、营养消耗过大不无关系。

生来袖珍的金橘

就在福橘千方百计瘦身缩个头的时候，有种叫金橘的植物已经乖巧地站在花盆中了。我第一次知道金橘这种食物是在故事书中，故事基本上已经淡忘了，只牢牢记住了金橘的吃法——吃皮不吃瓤。年幼的我当时完全不能理解：居然有水果把最好吃的部分都放在表面了。

第一次尝到金橘的滋味是在看到这个故事十多年之后了。本着怀疑的精神，我真的吃了皮也吃了瓤——金橘的瓤果然是酸的。谁说故事里面说的都是骗人的？这个故事说的就是真的。并且，金橘皮中的汁水要比果肉饱满得多。

除了特殊的吃法，金橘还有一些特别的用处，那就是清咽利嗓。这是因为金橘里面含有金橘黄酮，这种物质对金黄色葡萄球菌、大肠杆菌和枯草芽孢杆菌都有抑制和杀灭的作用，特别是对金黄色葡萄球菌的效果最为明显。所以吃金橘保护咽喉在一定程度上还是有效的。

矮人苹果也来凑热闹

如果说福橘和金橘是天生的盆栽果树的话，那么盆栽苹果树就是不折不扣的人造产品了。如果不加控制的话，苹果树会不停生长，最终变成一个巨人，那是一个小花盆无论如何也无法承载的。

要想控制果树的个头主要有两个方法，一个是控制营养，另一个是剪枝条。控制营养很容易理解：虽说植物依靠的能量主要是阳光和二氧化碳，但是水分和矿物质营养同样重要。如果我们给植物一个狭小的生存空间，以及仅仅能满足植物生存最低需求的水分，那植物就无法快速长大了，这也是很多盆景植物的惯用培养手法。

然而，如果花盆太小，营养太差，果树就无法正常开花结果了，这也是园丁不愿意看到的。还有一个解决办法，就是在保证营养的同时精心修剪果树的枝条。

每年冬春季节，果园管理者都会对果树进行修剪。一方面是为了方便采收，毕竟树太高，采摘就会变成大问题。更重要的是控制营养生长和生殖生长的比例，简单来说，就是让果树少长点枝叶，多结一些果子。这是如何做到的呢？

拿苹果树来说，我们仔细观察就会发现，它的树上有两种枝条，一种是营养枝，一种是花果枝。前者每年会长出很长，而后者每年只伸长一点点。营养枝只负责挂叶子，并不会开花，开花都是花果枝的工作。园丁可不是随意在修剪，他们会留下那些来年还要开花的短枝条。这样一来，果树的长势就可以得到控制，开花结果也有更多的保障了。

花盆里的橘子可以吃吗

既然开花结果不是一个难以解决的问题，那载着满满果实的年节盆栽就可以抬回家了。但是问题来了：刚买回来的盆栽果树的果子是不是可以吃呢？我的建议是最好不要吃。

这是因为这些果树的栽种目的是观赏，保证品相完美是种植者首先需要考虑的。如果满树都是虫眼，那就与年节气氛不相称了。

要保证品相完美，自然需要对抗虫害、真菌等一大票捣乱分子，所以会用到很多抗虫害、抗真菌的农药。虽然在食用柑橘的生产过程中也会用到各种农药，但那些都是有安全标准的低残留农药，而观赏用的果树完全不存在这方面的限制和顾虑，只要效果好就行，所以吃这些树上的果子有很大的风险。同样，我屡次劝解那些觊觎行道果树的朋友，也是出于这个原因：在安全和品相之间，必须优先选择前者。

如果实在想吃到花盆里的果子，不妨善待你的盆栽果树。来年开花结果之后，倒是可以品尝自家的果实。

年节果树是一次性用品吗

经常有朋友抱怨说，家养的盆栽果树从来都不结果。这是因为大多数室内环境对盆栽果树来说，都是炼狱一般的存在。柑橘和苹果都是喜欢灿烂阳光的作物，所以在温度合适的时候（高于10℃），还是把它们放在室外或者阳台上，让它们享受足够的阳光吧。

如果想让盆栽苹果树结果，除了打理好它的日常生活之外，还需要帮它"找对象"。因为苹果树是典型的自交不亲和植物，简单说就是自己的花粉没办法给自己受精，当然也就没办法结出苹果了。解决办法就是去找一棵同期开花的苹果树，收集一些花粉来进行人工授粉，这样我们就能期待小苹果的成长了。

不管怎么说，家有福橘和平安果是一件养眼的事。善待这些绿色生命，会让它们带来的喜庆气氛延续更久。

可乐果

COLA FRUIT

征服世界的饮料秘方

不得不承认，国人在餐桌上的创造力无人能及。且不说琳琅满目的中式菜肴，单单说一种饮料就能让国际友人佩服得五体投地——煲姜柠乐。确切地说，这只是一种饮料的创造性喝法——取可乐一瓶，倒入锅中或茶壶中，加姜丝与柠檬片，慢慢加热，直到可乐中气泡散尽，汤水沸腾而起，厨房里氤氲着一股姜和柠檬的暖意。开怀畅饮这杯冬日暖茶，恐怕可乐的创始人想破头也想不出这种特殊的喝法。

不过，话说回来，创造性的中国饮食终究是要与世界接轨的，可乐这种饮料能被大众接受就是明证。我还依稀记得第一次喝可乐时，它虽然像健力宝一样充满气泡，但是味道却可以用古怪来形容，有点苦，有点酸，但更强的味道则是甜。于是，童年的我大多数时间里都更偏好雪碧的柠檬味道。

可乐究竟是什么味道的？相信一百个人就有一百种描述。这个味道的神秘性几乎等同于月球的背面。据说，这个神秘的配方至今仍锁在亚特兰大银行的金库里面。

其实可口可乐的英文名"Coca Cola"就透露出了这种饮料的原始配方，这两个单词分别指这种饮料中曾经出现的两种主要成分"古柯"和"可乐果"。那么成就可乐威名的可乐果究竟是什么呢？

当可乐果碰见古柯叶

可口可乐的发明过程，有一个大家耳熟能详的版本：美国一名叫约翰·彭伯顿的药剂师想要调配一种治疗头疼的药水，却意外把药剂糖浆和苏打水混在了一起，结果这种药水就变成闻名世界的可口可乐。其实，实际情况没这么简单，可口可乐是精心调制的产物。

最初，可口可乐的配方参照了当时欧洲流行的古柯酒。不过，可口可乐诞生的时候恰好赶上美国的禁酒令时期，于是当初配方中的酒精成分就只能被排除在外了。与此同时，苏打水成为美国的流行饮品。可乐原浆同苏打水亲密结合，也就顺理成章了。

在当时的广告中，可乐有助于戒断吗啡，治疗头痛、感冒、肚子疼，简直就是居家必备良药，而这些效果在很大程度上依赖于古柯提供的古柯碱（也就是可卡因）。不久之后，人们发现古柯碱和吗啡有相似的成瘾性，于是在 1903 年，可口可乐公司只能将古柯从配料表里剔除了（当然，为了维持原有的风味，还是得使用去除了古柯碱的古柯叶；后来使用的是不含古柯碱的特殊古柯品种）。

喝可乐能够让人兴奋，特别是对咖啡不耐受的人，喝可乐的时候也会心跳加速。我不由想起当年做博士生的时候，各位同窗的案头都摆着大瓶大瓶的可乐用来提神。可乐中的什么成分有如此魔力呢？答案就是——可乐果！

非洲来的兴奋果

可乐果的食用历史可要比可乐长多了。这种梧桐科（现在被归到锦葵科）植物原产于非洲西部，果实长着一副星星模样。可乐果对生活环境的要求比较高，它们喜欢高温高湿的环境。如果想在略微干燥的地方种植可乐果，那就必须用大量的水来灌溉。所以适合种植可乐果的地方并不是很多。加上可乐果特殊的味道，所以在可乐这种饮料出现之前，可乐果一直局限在西非的小范围区域内。

可乐果每个果瓣里面藏着十几粒白色种子，如果把白色种皮剥去，就能看到紫红色的种仁。它的种子很早之前就被当地人当作嗜好品来咀嚼了，是非洲地区宗教、典礼、仪式等必不可少的礼仪食物。这些神奇的种子可以在一定程度上让人忘记伤病和饥饿引起的痛楚，也可以让正常人兴奋起来，产生特殊的愉悦感。

能发挥这种神奇作用，全都仰仗其中的三大主力成分：咖啡因、可乐果苷和可可碱。其中最重要的成分当属咖啡因了。

情迷咖啡因

提到咖啡因，这是我们再熟悉不过的植物化学物质了，咖啡中有，绿茶中有，红茶中有，巧克力中也有。我们都知道喝茶能提神，喝咖啡容易睡不着觉，吃巧克力也有兴奋的感觉（巧克力中还有让人产生幸福感的可可碱），这都是咖啡因的作用。

咖啡因的主要作用就是促进中枢神经兴奋，同时还可以强化心脏的搏动，在一定程度上还能促进肌肉自由收缩，增加肌腱的力量，增加身体灵活度，提高运动能力。很可惜，我从来没有因为喝可乐而身轻如燕，也许运动员喝了效果会好一些吧。顺便说一下，咖啡因不属于竞技体育中兴奋剂的范畴，所以运动员是可以喝咖啡因饮料的。

　　当然，咖啡因的神奇之处还不止于此。除了能让人兴奋起来，咖啡因还能在短时间内增强人的认知能力。简单来说，就是让我们能够集中精神来处理棘手的问题。有实验表明，当成人的咖啡因摄入量在 200 ~ 400 毫克的时候，个体警觉以及视觉注意力的控制能力都有明显提升。所以，这算是为同学们在考试期间喝可乐提供了强有力的支持。

　　除了对神经系统的影响之外，咖啡因还会影响我们的消化系统。我的一位同事总是抱怨每次喝咖啡之后很快就饿了，大家都以为那是错觉，其实她的感觉是正常的——这种物质会促进胃酸分泌，促进肠胃蠕动，所以喝咖啡后感觉饿是再正常不过的了。当然，我们喝可乐喝到饿是很难的，因为可乐里面还有大量的糖，所以这可不是促进消化的好方法，一不小心就让热量超标了。

　　如此说来，咖啡因的好处还真不少。但是，问题来了：我们可以不加控制地使用这种物质吗？答案显然是否定的！

咖啡因的副作用

虽说咖啡因饮料导致死亡的可能性微乎其微（咖啡因的半数致死剂量是 150 ~ 200 毫克 / 千克，即一个体重 60 千克的人要摄入 9000 毫克的咖啡因，这大概相当于在短时间内喝下 265 听可乐——喝可乐中毒致死几乎是不可能的），但是，咖啡因的副作用也相当明显。大量摄入咖啡因时，身体会出现心跳加快、血压升高、心悸等一系列问题。如果长期大量摄入咖啡因，还会影响钙的吸收，同时刺激胃酸分泌过多，引起胃溃疡等一系列消化道问题。

更麻烦的是，长期饮用咖啡因饮料也会出现成瘾现象，一旦停用会出现精神委顿、浑身困乏疲软等各种戒断症状。还好，咖啡因的成瘾性较弱，戒断症状也不十分严重。所以，我们忍住几天不去碰咖啡和可乐之类饮品，很快就会走出依赖期。这也就是咖啡因并没有被列为毒品，只是纯制品受到管控的原因。

虽然咖啡因没有被归为毒品，但是可乐果在 1955 年还是被踢出了配料表。这是因为可乐果中含有一些亚硝基物质，而这种物质被证明与癌症的发生有极其明显的关系。代替可乐果的是有类似风味的调味剂。

为了迎合大众口味，同时降低咖啡因的影响，人们开发出了咖啡因提取技术。通过有机溶剂萃取，以及二氧化碳超临界萃取的方法，制造出低咖啡因的茶和咖啡。可乐就更不用说了，那只是加或不加的简单选择。

时至今日，可乐的配方已经与 100 多年前大相径庭了，少了许多刺激性或不安全的成分，但依然受到人们的喜爱。这大概是因为可乐的独特风味已经深深地扎根在我们的味蕾之中。也许在未来的某一天，连咖啡因这种成分都会被剥离，那时的可乐还能叫可乐吗？那份锁在金库中的神秘配方究竟还有什么用呢？

可乐可以瓦解胃结石么？

答案是不行！虽然有报道说，可口可乐在胃结石治疗过程中有一定辅助作用，但是这并不意味着通过喝可乐就能让胃结石崩解。可乐虽然尝起来有些酸，但是它们的酸度跟胃酸比起来弱多了。连胃酸都搞不定的石头，可乐怎么能搞定呢？一旦因为吃柿子制品等产生胃结石，还是尽快去寻求医生的帮助吧。

可口可乐的中文名字是谁起的？

可口可乐听起来就好喝、开心，但是，这种饮料最初的中文名字却让人费解——"蝌蝌啃蜡"，这名字听起来就不想喝。1928 年，蒋彝教授将英文 Coca Cola 翻译为可口可乐，成为迄今为止最成功的译名之一。

牛油果 AVOCADO

不爱蜜糖爱脂肪

在人类的生活中，很多事物都被标签化了，比如一看到红玫瑰，大家脑海里浮现出来的就是炽烈的爱情；一看到啤酒桶，那种特殊的苦味就仿佛在舌头上蔓延开来；一看到水果，甜美多汁的感觉就会在我们所有的神经细胞中扩散……但是，有的水果不能给我们甜美的感觉，譬如牛油果。

我第一次吃牛油果的时候，其实是有心理准备的，因为大家都告诉我这东西口感其实就像黄油。但我心中仍然带着几分期待：毕竟是水果，难道就真的没有一点甜味吗？结果，切开去核，挖出一大块果肉，满满当当地塞到嘴里……呃，这哪儿是水果，明明就是一大块肥猪肉。

很多年后再回想起那第一口牛油果，那种油滋滋的味道仍然会浮现在嘴巴里。牛油果为什么会成为另类水果？在滑腻的口感之后，真的是满满的脂肪吗？

漂洋过海而来的牛油果

牛油果是我们对这种水果的通俗称呼，人家可有一个更有格调的大名，叫鳄梨。整个鳄梨属家族有 50 多个成员，都分布在美洲热带区域。它们的典型特征就是有一粒巨大的种子。虽然鳄梨属的很多成员都能提供可以食用的果子，但是真正好吃的还是鳄梨这个种，于是也只有它闯进了人类的果园。

牛油果很久之前就被人类采集食用了，时间可以追溯到公元前 10000 年。从公元前 5000 年开始，美洲居民就已经种植栽培这种好吃的果子了。在墨西哥公元 900 年左右的遗址里就有牛油果形的水罐，可以想见，在当时牛油果就已经成为美洲人的主要食物了。16 世纪末，牛油果随着欧洲探险家的航船来到了欧洲大陆，这种像黄油一样的水果，在习惯用黄油抹面包的欧美世界迅速流行，如今已经成为明星水果，世界各地栽培的牛油果都源于此。

到今天，牛油果已经繁衍成一个超级庞大的家族，主要分为三个派系：怕冷的西印度派系，稍稍耐寒的危地马拉派系，还有最耐寒的墨西哥派系。其中西印度派系的个头比较大，也带有微微的甜味，但是生性娇气，所以在产量和名气上都略逊于其他两个兄弟。

不存糖分存脂肪的怪果子

牛油果对于美国人来说，就好像苹果之于中国人，这样基础的水果在日常生活中不可缺少。曾经因为美国对墨西哥经济政策的调整，导致从墨西哥进口的牛油果价格飙升。但是对大部分东方人来说，这根本没什么影响，反正我们也不喜欢吃这些黏糊糊的果子，这种樟科果子总有一种奇怪的木头味。

其实，牛油果进入中国已经有很长一段时间了，早在1918年我国就进行了牛油果的引种实验。在随后的几十年里，我国的两广地区以及四川、云南都有牛油果的种植。可是长期以来，牛油果都没有发展成大规模种植的水果，在市场上也不算普及。究其原因，还是牛油果这东西完全不在中国人对水果的想象范围之内，所以在市场上吃不开。就算是榴莲这种特立独行的水果，也比牛油果更早占领了市场，因为榴莲至少是甜的。

与大多数果子只储存糖不同，牛油果在果实中储藏了大量的脂肪，脂肪含量可以达到15克/100克，能够与它相提并论的水果也只有榴莲了（榴莲的脂肪含量约为5克/100克）。牛油果为什么如此特立独行？答案很简单：它们压根就不是为现在的动物准备的。

曾经在美洲大陆横行的大地懒和嵌齿象才是牛油果招待的对象。在这些重达数吨的远古巨兽眼中，吞个牛油果，比人类囫囵吞个枣还要简单。牛油果中丰富的脂肪也对这些巨兽充满了吸引力，毕竟这可是高热量的食物，比啃树皮、嚼树叶要强太多了。牛油果内心那颗巨大的种子，也很适合巨兽肠胃搬运。

时过境迁，往昔的霸主巨兽都变成了博物馆里陈列的化石，而牛油果顽强地生存了下来，并且还保持了自己的本色。它们并不喜欢中小型动物的骚扰，牛油果的树皮、树叶对很多动物来说是有毒的，小到鸟类，大到牛马，都会因为吃下牛油果树叶、树皮而中毒。这些树叶中含有一种名为"persin"的有毒脂肪酸，会引起呕吐等症状，严重的话会导致死亡。除了树叶，甚至有马匹进食牛油果中毒的报道。

幸运的是，我们人类可以忽视牛油果的防御系统，放心大胆地享用它的果肉，因为这些有毒物质并不针对人类——这也是生命演化上的戏剧性时刻吧。而且，牛油果富含维生素A（43.8微克/100克）、钾（485毫克/100克）和脂肪（15克/100克），营养成分还是不错的。

植物油就一定更健康吗

许多宣传都把不饱和脂肪酸吹上了天，就好像这些不饱和脂肪酸是治愈疾病的灵丹妙药。

我们必须跟大家明确一个问题：橄榄油也好，亚麻油也好，牛油果也好，它们所含的不饱和脂肪酸都不是灵丹妙药，并不能指望每天一个牛油果就能把大家从不健康的生活状态中解救出来。或者再说得直白一点，如果天天吃高糖、高盐、高脂肪的食物，再吃上一个牛油果，对健康来说只会雪上加霜。

明智的选择是：用富含不饱和脂肪酸的油料替代猪油、黄油等饱和脂肪酸，并且严控摄入量（话说回来，即便是饱和脂肪酸油料，只要合理食用，也不会对我们人体产生伤害）。这话虽然拗口，并且操作起来不那么容易，但是这就是科学的饮食理念，当然也是最不招人待见的饮食理念。因此，我跟所有的朋友一样，期待着一种新的、轻松解决问题的食物或者方法出现。

遗憾的是，在我们可以预见的未来，这种产品还无法被生产出来。"管住嘴、迈开腿"仍然是最合理、最有效的健康指导意见。

牛油果的成熟方法

我们通常买到的牛油果都是硬邦邦的手雷模样。要想享用其中的美味，还需要让它们软熟。

　　有两个对初尝牛油果的朋友比较友好的吃法：
　　1.拌沙拉。把牛油果果肉切成小丁，与水煮蛋、生菜和洋葱等放在一起，用千岛酱来拌，风味不错。
　　2.刺身吃法。切片后，蘸上一点日式酱油和芥末也是非常美味的。

　　牛油果是典型的需要后熟处理的果实。简单来说，它们在树上的时候很难变得完全成熟，成熟是在采摘之后才完成的。类似的需要后熟的水果还有柿子和秋子梨，这些果实如果不经过后期的处理——瓮藏或者冰冻，就不会呈现美好的甜蜜滋味。

　　当然，牛油果在后熟圈还算是厚道的，不需要特殊的处理方式，只要把它们跟香蕉或苹果一起放在一个相对狭小的空间里就可以了。香蕉、苹果释放出来的乙烯会促使牛油果成熟，当它们的果皮变成深绿色，果肉变软的时候，就可以食用了。

　　正是牛油果的后熟特性，为它成为良好的商品铺平道路。没有完全成熟的牛油果更适于长途运输，适于在货架上摆放，这都是水果商梦寐以求的特性。这也成为牛油果占领世界水果摊的独特技能。

　　到今天，吃牛油果已经不单单是口味上的选择，更是一种寻求身份认同感的行为，牛油果也成为中国新兴中产阶层的必选水果。然而翻看牛油果的历史，就会发现它不过是大地懒吃剩下的食物。想到这儿，会不会觉得人类为牛油果赋予了很多食物以外的意义？

葡萄 GRAPE

酒神之果的起起落落

　　在人类的文明发展史上，葡萄是与文明和文化捆绑得最紧密的一种水果。葡萄可以变身为宗教活动中的指定饮料，可以成为诗人夜光杯中的美酒，可能是富豪标榜身份的某种酒水，可能是风干之后的特别小食，当然更可能是众多餐桌上晶莹美好的新鲜水果……我们不妨来一同了解一下葡萄充满戏剧性的家族史。

古老的水果

全世界的葡萄科葡萄属植物有 60 多种，它们都有相似的外貌——杂乱的藤条之上生长着掌状或者羽毛状的叶子，像触角一样会缠绕的卷须，不起眼的花朵，以及一串串在阳光下闪耀的果实。

在这些葡萄属当中有一种远比其他种重要——那就是葡萄（*Vitis vinifera*）。这个种原产于欧亚大陆，所以也被称为欧亚葡萄。人类食用葡萄的历史非常悠久，最早的栽培记录可以追溯到公元前 6500 ~ 前 6000 年。

在公元前 4000 年的时候，葡萄种植从南高加索区域传播到小亚细亚，同时通过新月沃土进入尼罗河三角洲，完成了在西方世界的初步扩张。

公元前 6 世纪，希腊人将葡萄栽培和葡萄酒酿造技术传给了高卢人。随后，罗马人把葡萄园在高卢全境进行了爆发式的推广。

考古学家在一座修建于公元前 2 世纪的希腊古墓中发现了一块描绘阿波罗和胜利女神共同向造物主敬献葡萄场景的浮雕。这说明，葡萄文化早就深深地植根于西方文化了。

生而为酒

不管怎么看，葡萄几乎就是为酿酒而生的，因为它们的果皮上就有丰富的酿酒酵母。再加上果肉中富含葡萄糖、蔗糖和果糖，这使得葡萄自身就可以毫无障碍地变身为美酒。人们要做的只是把它们踩碎榨汁，然后把汁水用橡木桶收集起来发酵。用葡萄酿制葡萄酒的历史几乎与栽培葡萄的历史一样悠久。公元前 1400 年，巴比伦国王就颁布了关于葡萄酒交易的法律。在西方，葡萄酒一直都是标准的贵族饮料。到中世纪时期，葡萄酒仍然是高级饮品，贫民则更多是饮用由麦芽发酵而成的酒精饮料。

虽然中国的野生葡萄属植物多达 38 种，但是并没有栽培葡萄。《诗经》中记载的葡萄，大抵是些野生的种类。中国最早的葡萄被认为是张骞出使西域的时候引入我国的，在随后很长一段时间里，葡萄酒都是一种非常珍贵的饮料。后世李时珍在《本草纲目》中写道："葡萄，《汉书》作蒲桃，可造酒，人醋饮之，则醄然而醉，故有是名。"这句话中"醋"是聚饮的意思，而"醄"是大醉的样子，于是葡萄就因此得名了——说白了，葡萄就是能让人喝得大醉的果子。

真正改变葡萄酒地位的事情发生在唐朝。唐太宗破高昌之后，得到了大量的优良葡萄品种，同时也获得了更为精良的葡萄酒酿造技术。唐朝李氏起家的根据地——太原成为葡萄栽培和酿酒工业的中心。随着技术的不断精进，葡萄酒也逐渐跳出宫墙，进入市井生活。"葡萄美酒夜光杯"的景象正是因为葡萄栽培和制酒技术发展才得以出现。然而，这个时候的葡萄酒也不是寻常人能消费得起的，李白的诗句中将葡萄酒和金叵罗并列，足见葡萄酒的贵重。

　　元朝之后，葡萄种植虽然还在发展，但是与西方相比，中国古代的葡萄种植简直就是在过家家。中国真正发展葡萄种植还是在近代之后。德国人带来葡萄，在烟台种植并进行葡萄酒酿造，这才成为中国现代葡萄酒工业的开端。

野蛮生长的美洲葡萄兄弟

葡萄不仅扩散到亚洲，16世纪的时候，还随着哥伦布的船队被带到美洲，随后跟着葡萄牙人和西班牙人的活动扩散到美洲大部分地区。其实在那里，已经生活着一大帮土著葡萄了，其中最重要的当属圆叶葡萄（*Vitis rotundifolia*）和美洲葡萄（*Vitis labrusca*）。

圆叶葡萄和美洲葡萄根系强健，抗病力强，很快就得到了欧洲殖民者的赏识。尽管美洲葡萄甜度不高，用它酿制的葡萄酒还有一种特殊的怪味（不过也有人喜欢这种麝香风味），但它还是被商人带回了欧洲老家，并且试图将其与欧亚葡萄杂交，以产生更为优质的后代——但就是这个看似推动葡萄品种发展的行为，差点导致欧亚葡萄绝种。

有一些危险的"乘客"——根瘤蚜也搭乘商人的航船来到了欧洲大陆。这是一种专门寄生在美洲葡萄根部的昆虫，靠吸食葡萄植株的汁液为生，因可以让葡萄根系长出瘤子而得名。

葡萄皮上的白霜是什么？

这种白霜既不是农药，也不是葡萄糖，而是葡萄表皮上的蜡质。葡萄表面蜡质的成分主要是一种叫齐墩果酸的物质，这种物质可以占到白霜总重的 60%~70%。除此之外，白霜中还含有一些醇类和酯类物质。不过，这些物质有一个共同点，那就是不溶于水。正因如此，想要洗掉葡萄白霜的朋友才会屡屡抓狂。

不过，即使洗不掉这些白霜也没有关系，因为齐墩果酸并不会危害我们的健康，我们大可以放心地整粒吞下那些挂着白霜的葡萄。

提子是什么葡萄？

这么说吧，提子也是欧亚葡萄的一个品种。当然了，一般认为提子的果肉比较脆，果皮不容易分离，这是用来区分"普通葡萄"和"提子"的主要特征。对于提子的名字，有一种说法是，"提子"即广东话"葡萄"的读音。

根瘤蚜的一生都可以在美洲葡萄上完成，无翅阶段的根瘤蚜可以进行孤雌生殖；有翅阶段的根瘤蚜可以产雌、雄蚜，交配后雌蚜产卵，以卵越冬。在长时间的对抗过程中，美洲葡萄已经对根瘤蚜有了一定的防御能力；但是，在大洋彼岸的欧洲，所有的葡萄园都是不设防的区域。

19 世纪中期，根瘤蚜进入欧洲后，攻陷了几乎所有的葡萄种植园。在短短 25 年内，它几乎摧毁了法、意、德的葡萄种植业和酿酒业。为了对付这些葡萄杀手，人们想了很多办法：最初发现水浸可以杀死这些小虫子，但是大多数葡萄园都建在丘陵地区，放水泡田几乎是个不可能完成的任务。后来，又用药物熏蒸的方法来灭虫，效果仍然不佳。

如果故事继续这样发展的话，我们今天就要与传统葡萄酒说再见了。万幸的是，这个时候，峰回路转的事情出现了——既然美洲葡萄的根系可以抵抗根瘤蚜，种植者就开始把欧亚葡萄嫁接到美洲土生抗蚜品种上。正是这种做法才让欧亚葡萄这个种逃过一劫。

在随后的日子里，人们也在不断尝试培育欧亚葡萄和美洲葡萄的杂交种，一方面提高抗病虫害的特性；另一方面，也是为了改善葡萄的品质。但是时至今日，无论是酿酒品种，还是鲜食品种，主流仍然是欧亚葡萄。

从高加索到亚细亚，从高卢到华夏，从美洲到大洋洲，葡萄拓展"领地"的历史其实也是人类贸易和文化交流的历史。这些特立独行的果实身上记录的是人类对植物、对技术，以及对人类自身认识的历程。未来我们吃的葡萄会变成什么样子，它们还将记录哪些跌宕起伏的故事，让我们拭目以待。

推荐几种有特色的葡萄

户太 8 号，欧亚葡萄和美洲葡萄的杂交种，是西安市葡萄研究所（当时称户县葡萄研究所，1997 年更为现名）通过奥林匹亚芽变选育而成。单个葡萄几乎是个小乒乓球，果粒大，近圆形，酸甜可口，果粉厚，果皮中等厚，果皮与果肉易分离，果肉细脆。特别适合吃葡萄吐皮的朋友。

软枝玫瑰香，特别适合对香味有追求的朋友。果皮中等厚，呈紫红色或黑紫色，果肉较软，多汁，有浓郁的玫瑰香味，唯一的缺点就是果粒太小了。

玫瑰葡萄（我刚吃过一种云南阳光玫瑰葡萄），通体碧绿，个头中等，看似没有成熟，果肉却有极高的糖度（可以高达 19），特别适合喜欢甜口的朋友。

释迦

SUGAR APPLE

最是难忘糖苹果

　　这世界上的果子千奇百怪，有红有绿，有长有短，小如樱桃，大如榴莲。于是不同的果子被赋予了不同的含义，比如佛手是祝福的象征，苦糖果是爱情的象征。而释迦因为长相酷似佛祖头上的发卷，于是得了个"佛头果"的称谓。

　　说实话，我对释迦有两个截然不同的印象：极好吃和极难吃。有一次逛水果市场，正好瞥见这种长相奇特的水果，于是买来现开现吃。那种软糯如豆沙的口感，甜蜜的滋味，瞬间征服了我的味蕾。但是，后来一次网购的释迦却与此截然相反——那批释迦还处于青涩状态，遵照建议储放四五天之后，等到果子变软，果肉竟然是柔韧的，吃下去的感觉就像是在嚼口香糖，完全没有软糯的口感。同样是释迦，为什么会有如此大的差别呢？

释迦的东西旅行

如果去台湾旅行，一定会碰见的水果就是释迦。每年秋冬到早春，释迦都会成为水果摊上的主力，简直是与菠萝、芒果比肩的热带水果中流砥柱。这种果实还有一个更为正式的中文名字——番荔枝。从这个名字就可以看出这东西并非中国土生土长的，确实，它们是从美洲远道而来的。

番荔枝家族的老家在热带美洲和西印度群岛，很早之前就被当地人作为水果来培育了。后来被欧洲殖民者带回欧洲，再后来，又被荷兰人带到了东南亚和我国台湾，从此在这里找到了一片生存的乐土，开枝散叶。

如其他名中带"番"的植物一样，番荔枝与荔枝毫无亲戚关系。荔枝是无患子科家族的成员，而番荔枝是番荔枝科的成员。两者仅仅是布满凸起的外表略有相似，但是荔枝有一个完整的、可以剥离的外壳，而番荔枝的果皮和果肉却紧紧地贴合在一起。除此之外，番荔枝的果肉中还会有一些冰沙质感的小颗粒，那是番荔枝果实特有的石细胞，有点像各种梨子果实的石细胞。

释迦的糖度极高，可以达到 17 ~ 18° Bx（每 100 克溶液中的可溶性糖克数），这已经是超甜冰糖心苹果的甜度了。无怪乎当时碰见这种水果的欧洲人给它起名叫"糖苹果"（sugar apple）。不得不说在命名水果这件事上，欧洲人远没有我们中国人有想象力，很多果子的命名都跟"苹果"过不去（还记得本书第 31 页的那些名字吗），这大概是因为原生于欧洲的好水果有限，而苹果又是最有代表性的一种吧。

当然，番荔枝家族的成员远不止释迦，这个家族"人丁兴旺"，刺果番荔枝是另外一个明星果实。

刺果番荔枝，浓浓汽油味

第一次吃到刺果番荔枝是在巴厘岛。这种果子的样子远不如释迦那么温和，看起来就像是浑身长刺的大芒果。果肉并不紧实，稍微用力就可以把果实掰开，里面是如释迦一样的乳白色果肉，散发着热带水果气息。但是吃到嘴巴里的感觉远不像释迦那么甜蜜，反倒有几分刺激，热带水果的典型香气中还混杂着一种特殊的汽油味。至于口感，更像是有韧性的口香糖。

刺果番荔枝通常会被做成果汁来饮用。我们在马达加斯加科考时，当地冬季的时令饮品就是刺果番荔枝的果汁。从每日桌餐剩余的大量果汁可以看出，这种水果的风味似乎并不符合国人的胃口。

最近有人分析出，刺果番荔枝的特殊气味是由各种醇、醛、酸、酯混合而成的，其中尤其以丁酸甲酯、2-丁烯酸甲酯、丁酸、乙酸甲酯及芳樟醇为主力。

在刺果番荔枝的原产地，榨果汁还是最适合它的食用方法。但是一定要注意，千万不要用可以粉碎种子的榨汁机来处理这些果子。这样不仅会影响口感，更会带来安全风险。这些种子其实是有毒的，里面含有一种叫番荔枝素的生物碱。这是一种神经毒素，误食之后有可能影响神经功能。好在这些毒素几乎都藏在种子里，果肉里面的含量微乎其微。只要没有嚼碎种子的习惯，大可以放心吃这种特别的水果。

新兴的番荔枝家族

除了有代表性的释迦和刺果番荔枝，番荔枝家族还有很多成员正出现在我们的生活当中，例如冷子番荔枝、凤梨番荔枝和牛心番荔枝。

冷子番荔枝又叫毛叶番荔枝，它的长相与常见的释迦有很大区别：果实表面没有凸起，反而变成了很多小小的鳞片，就像是一个足球的表面那样拼合而成。冷子番荔枝的果肉嫩白，也是非常好的水果。

凤梨番荔枝是毛叶番荔枝和释迦的杂交品种，长相介于两者之间。1908 年在美国佛罗里达州被培育出来。凤梨番荔枝果实表面的凸起不如释迦那么明显，也不像毛叶番荔枝那么平整。因为果肉有凤梨的风味而得名。

至于牛心番荔枝，可以说是番荔枝家族的小字辈了。因为形状和个头像牛心而得名。只是个头和味道都不如上述番荔枝，所以并不出名。

不会成熟的释迦果

不管是释迦、刺果番荔枝还是凤梨番荔枝都是热带水果的中坚力量，但是它们的名气却远不如同样产自热带的香蕉、菠萝和芒果。如此美味又有个性的水果，为什么会被水果商遗忘呢？那是因为释迦的储运一直都是困扰水果生产商的问题。

释迦与香蕉一样都属于呼吸跃变型果实，这类果子的成熟过程很难控制，因为它们有个臭脾气：一旦开启成熟过程就无法暂停，而是一条道走到黑，直到腐烂流汁为止。我们常见的水果，例如苹果，成熟过程是缓慢的、渐进的，从酸逐渐变成甜，十分温和。如果说苹果的成熟过程是一场马拉松，比赛途中还能调节奔跑的节奏，那么释迦的成熟过程更像是百米冲刺，一旦起跑就没有减速的可能。

所以像释迦和香蕉这样的热带水果，储运一直都是个难题。还好，我们有了新的促进果实成熟的手段，那就是人工制造促使果实成熟的乙烯利等催熟剂。青涩的香蕉从产地出发时，果农会在上面喷洒乙烯利；等到达目的地的时候，香蕉就已经转换到成熟待出售的状态了。

但是释迦比香蕉更娇气，采摘时间和储藏温度都是它成熟的关键。如果在没有成熟的时候储藏温度过低，虽然能保持果实的售卖品相，但是这个果子就失去了开启成熟过程的机会，长时间的低温保存会把开启果子成熟的开关给彻底捣毁。这样的果子就变成了不会成熟的僵果，这也就是网购释迦常常无法成熟的原因。

只有当释迦的鳞沟微裂，呈现奶黄色时，才可以采收。如

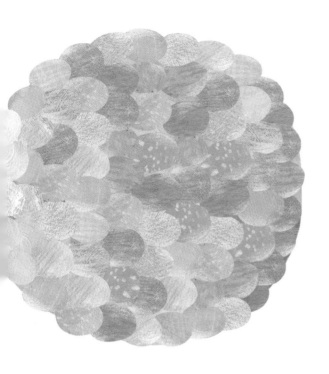

果成熟度不足便采下，释迦无法正常软熟，就失去了商品及食用价值；如果过熟，则容易快速软熟，造成损失。这也是释迦无法成为大宗水果的一个巨大障碍。

还好，现代化的物流体系在很大程度上解决了这个问题。世界已经变得如此扁平，我们也能很方便地享受到来自地球另一端的水果。也正因为这样，各种水果正变得越来越平常。也许在不久的将来，我们的果盘中将不再有"怪"的感觉。

石榴 POMEGRANATE

内藏水晶的果实

在中国的传统文化中，很多水果都占有重要的地位，比如象征长寿的桃子，象征丰收的葡萄，当然还有象征多子多福的石榴。

石榴绝对是每年八月十五的主角，很多地方拜月的供桌上都会有石榴的身影。与此同时，石榴的形象也出现在各种建筑装饰和日用品的纹饰上。这种水果与中国人的生活捆绑得如此紧密，让人觉得它就应该是我国土生土长的水果——但事实并非如此，石榴是个不折不扣的外来户。

说来有意思，在东西方文化中，石榴的形象反差极大——东方的"吉祥之果"到了西方却变成了"死亡之果"。要想理解其中的差别，还要从石榴的身世讲起。

从西到东的石榴果

每年五六月份，北京路边的石榴花开放。炽烈似火的红花点燃了初夏的热情，总会让人有种错觉，好像这些植物的本职工作就是提供娇艳的观赏性花朵。当然，我们的祖先不会把目光锁定在石榴花上，毕竟填饱肚子才是首先要解决的问题。

石榴的栽培历史可以追溯到青铜时代，它们的原产地伊朗和巴尔干地区都有相关的文物出土。直到今天，伊朗的石榴仍然是世界上最好的石榴。因为味美多汁，石榴很快就在地球上扩散开来。

考古学家在埃及女法老哈特谢普苏特（约公元前 1508 年～前 1458 年在位）的陵墓中发现了已经变成黑球的石榴，说明在那个时代，它就已经作为水果出现在埃及贵族的餐桌之上了。此外，在美索不达米亚的遗迹中也有关于石榴的楔形文字记录，时间可以追溯到公元前 3000 年。

与此同时，西班牙是石榴发展的另一个中心，这里不仅涌现出大量新的石榴品种，更重要的是，16 世纪石榴随着西班牙人的脚步踏上了美洲大陆，并且在拉丁美洲找到了新的家园。与地中海区域气候相近的加利福尼亚和亚利桑那两个州成为美国的石榴主产区。

石榴很早之前就进入中国了。据记载，张骞出使西域的时候就把这些水果带回到都城长安。随着丝绸之路的兴盛，它多次进入华夏大地，中国古代的典籍中多有记载，比如《名医别录》里说了药用价值，《齐民要术》里讲述了栽培要点，《本草纲目》里甚至有对各地品种的详细分析……所以，石榴成为中国文化中重要的符号化水果也就不难理解了。

与诸神捆绑

　　虽然东西方的石榴味道都一样，但是在传说中，石榴的象征意义却是完全不同的。在西方传说中，石榴通常与邪恶和阴谋捆绑在一起。比如，在希腊神话中，石榴是从掌管每年植物死而复生的阿多尼斯血液中诞生的。而冥王哈迪斯诱惑泊耳塞福涅吃下了六颗石榴籽，让她一年中有六个月不得不留在冥界。

　　石榴纹饰经常被用在庙宇和铸币之上。圆形石榴果的种子非常多，这符合多子多福的寓意，所以石榴成为祭品也就不奇怪了。其实，石榴的英文名"pomegranate"的含义就是"多籽的苹果"。中国人如此钟爱石榴，就与石榴的这种构造有关系。目前石榴在我国南北方都有广泛栽培。

拧巴的果子

　　我们吃的部分其实是石榴籽的肉质外种皮，石榴籽里小硬核的外壳是它的内种皮。当然，为了取食方便，人们培育出了软籽石榴这样的特殊品种,也就是内种皮发育不全的畸形个体。

　　吃石榴的时候会碰到一件麻烦事，那就是籽粒之间会有很多薄薄的皮，如果剥不干净，涩涩的很影响口感。这些薄皮其实是心皮之间的隔膜，就像不同房间之间的墙。石榴的心皮很多，并且分成两层，所以不管我们横着剥还是竖着剥，都没有一个轻易清除它们的方法。

　　所以要想很轻松地享受石榴的美味，还是找一个爱你的人帮你来剥石榴，或者榨石榴汁吧。

五花八门的烹饪方法

　　总的来说，石榴还是以鲜食为主。但是世界各地并不缺乏用石榴加工成的各色美食。在压榨好的石榴汁中加入糖浆，就可以制成浓稠度不一的调味料了。在番茄还没来欧亚大陆旅行的时候，石榴一直是伊朗菜肴中重要的调味品，石榴汁、糖蜜和醋组成的混合调料在很大程度上承担了后来的番茄酱的功能。时至今日，伊朗的很多地方仍然在烹煮一种由石榴汁、核桃和禽肉制成的酱汁，与米饭一起食用。

　　在印度和巴基斯坦，干燥的石榴籽被用在咖喱中，作为一种增加酸味以及特殊风味的调料。它在甜品中的使用范围就更大了，希腊和墨西哥都有石榴甜品。

甜甜涩涩的果子

啃石榴的时候，我们会发现它们的果皮非常涩，这是因为其中所含的单宁（鞣酸）非常丰富，可以达到20%~30%。所以石榴的果皮有很强的肠胃收敛作用，可以缓解腹泻症状。在中国传统医学中，石榴皮被认为可以治疗"久泻，久痢，便血，脱肛，崩漏，带下，虫积腹痛等病症"，主要原因就在于其中的单宁。不仅如此，石榴的树皮、根皮，甚至果汁中也含有丰富的单宁。在西方医学中，石榴也有相似的作用，成书于公元前1500年的《埃伯斯伯比书》就记录了石榴的药效（特别提醒：单宁的主要作用是单纯止泻，如果遇到严重腹泻，还是应该尽快就医）。

另外还需要提醒大家，如果吃太多石榴，会因为单宁加强收敛作用引起大便干燥，所以有习惯性便秘的朋友一定要避免食用过多的石榴。

至于传说中石榴含有丰富的维生素C，可以美白肌肤这件事，听听就好。因为石榴的维生素C含量只有柑橘的1/4，真的算不上高。即便算上其中的花青素，一样不会产生惊人的魔力。

我们还是专心地享受石榴的甜蜜吧。

芒果 MANGO

水果之王究竟是什么滋味

　　我对芒果的印象起始于一种叫"椰风"的芒果饮料，或者叫芒果风味饮料。有一段时间，这种芒果汁在中国北方特别流行。那是一种稠呼呼、甜腻腻，带有水果和松脂气息的饮料。正因如此，当时我很难理解为什么芒果这东西可以算得上是热带水果之王（当然也有人认为是榴莲）。直到真正吃到了新鲜芒果，才发现，芒果的香气真是非常好闻，而且能把整个房间都变香。

热带水果之王

记得有一年，我们大学野外实习路过云南元江，那里的干热河谷地区是中国芒果的主产区之一，适宜的气候赋予了元江芒果特有的香气和甘甜。我们宿舍以 10 元 / 箱的价格购得四大箱芒果。在接下来的一周里，宿舍里都飘荡着芒果的香气，当然也飘荡着四处飞舞的果蝇。

不过，并不是所有的人都可以享用这种美味，比如我云南的姨外婆，每次都会帮大家削好芒果，自己却一点也不沾。因为她一吃嘴巴就会肿。后来我才知道，芒果属于一个让人又爱又恨的科——漆树科。

套在漆树科头上最大的帽子就是"重度过敏源"，因为多数漆树科植物含有以漆酚为代表的酚类物质，触碰某些漆树科植物的汁液就可能引发过敏，更不用说吃了。但漆树科又是一个贡献好果子的家族，像腰果、芒果、开心果都是这个科的成员，包括后面要介绍的南酸枣也是这个科的成员。并且，这些果子通常都是身价不菲的果中珍品。漆树科就好像植物中的河豚，拼死也是有人要吃的，从很久之前就有人开始驯化芒果了。

虽然在我国广西和云南也发现了野生的芒果树，但是到目前为止，印度仍然是比较公认的栽培芒果的原产地。在南亚区域，芒果已经有数千年的栽培历史。公元 10 世纪，芒果来到了非洲；16 世纪之后，芒果到达了美洲，很快就在世界所有适宜的热带区域快活地生长起来了。

芒果进入我国大概是明朝嘉靖年间的事情了。目前在广东发现的一些古芒果树，树龄在 300 年以上。但是对芒果的描述大多出现在清朝，《本草纲目拾遗》中有对芒果的记载："《粤志》云其子五月色黄，味甜酸，漂洋（原文作飘洋）者兼金购之，有天桃与相类，六七月熟，大如木瓜，味甜，酢以羹鱼尤善。凡渡海者，食之不呕浪。"

关于中国芒果的来源，还有一个说法——玄奘法师从印度带回了芒果。囿于没有足够的文献和证据支持，这只能算是一个传说。另外，芒果的种子属于顽拗型，在开放暴露的状态下很快就会死亡，所以在交通不便的唐代，从印度带回活的芒果种子基本上是不可能完成的任务。

相对于芒果的果子，芒果花真的不起眼，以至于芒果开花的时候很少会有人注意到那些栗黄色或者淡黄色的小花朵，反倒是串起这些花朵的红色花序轴更为醒目。这些圆锥形的花朵集合（花序）很容易就淹没在芒果树密集的绿叶之中，很多时候都是悄悄地来，又悄悄地走了。直到有一天，下垂的枝条上挂上了小芒果，我们才会发现芒果花已经开过了。

芒果的香气

待到芒果成熟，芒果树下都是浓浓的芒果香气，一种热带水果特有的香气。如果细细闻芒果的气味，就会感觉到一种混合着松脂香气的香甜味。这种气味也是爱者极爱，恶者极恶。

芒果的特殊风味来自其中的糖、酸和风味物质的协同配合。实际上，所有的水果都是如此，若是甜度欠缺，那样的果子就会酸倒大牙；若是只有甜度，完全没有酸味，果子又会显得寡淡，就像是喝白糖水；至于香气，那才是画龙点睛之笔，柠檬成为柠檬，芒果成为芒果，就靠那一点典型的风味物质。

萜烯类的化合物是芒果香气的特征物质，α – 蒎烯、β – 月桂烯、β – 石竹烯、罗勒烯决定了芒果是"芒果味"，它们也当仁不让地成为芒果香精中的主要成员。其中 α – 蒎烯就是典型的松节油味，而罗勒烯和月桂烯决定了芒果青皮的特殊香气。

除了这些主要成员，还有一些散发花香的酯类物质在芒果香气的形成中发挥着作用，比如乙酸乙酯、丁酸乙酯、异丁酸乙酯、乙酸异戊酯等。乙酸乙酯是很多花卉和成熟果实甜香的基础，丁酸乙酯是草莓的特征香气，乙酸异戊酯则是香蕉的典型气味。正因为这些花果香物质的存在，芒果才不单单只有松节油的气味。

吃芒果的乐趣

对于老饕而言，芒果是种让人又爱又烦的水果，爱的是甘甜多汁，香气扑鼻；烦的是芒果的果肉与果核结合紧密，吃起来不算方便。芒果虽然果核很大，但是里面只有一粒种子（顺便说一下，种子类型有两种，单胚类型和多胚类型，前者只会长出一棵幼苗，而后者则会萌发出多棵幼苗）。

要想尽可能多地享用芒果果肉可要动点脑筋。直接剥皮生啃固然过瘾，但是亮黄色汁水十分淋漓，很容易吃得狼狈；另外，如果遇到纤维丰富的种类，还会塞牙。

一个比较优雅的吃法是沿着果核把果肉连皮剔下，然后在果肉上打粗粗的十字花刀，把果皮一翻，芒果粒就"站立"起来，这个时候就可以尽情享用果肉了。

在所有的芒果里面，我比较偏好腰芒，虽然个头比较小，但是果核很薄，几乎只是一个薄片。无论是直接啃还是切花刀都很容易。要想吃香气浓的品种，原始的品种鹰嘴芒是个不错的选择，香甜多汁，缺点是纤维太多容易塞牙。要想吃肉厚个头大的，象牙芒很合适，缺点是不够香。

近年来出现的一些芒果新品种似乎解决了上述矛盾，比较有代表性的就是台农 1 号和金煌芒果，又香又甜不塞牙，吃起来又过瘾——芒果爱好者的春天已然来临。

不爱凉爽爱酷热的果实

吃不完的芒果千万不要放在冰箱里，因为芒果是典型的热带果实，放在 4℃ 低温条件下会出现冷害症状，果皮很快会出现黑斑，果肉也会有水渍样的变化，风味会很快丧失。倒是放在室温之下能保存更久。不过芒果容易风干脱水，还是趁早吃到肚子里比较实在。

路边的"芒果"不要采

中国植物志记载，全世界芒果属植物有 50 余种，在我国分布的有 5 种。除了提供果实的芒果，还有泰国芒果、扁桃、长梗芒果和林生芒果。近年来，我们在很多城市的大街上都会看到挂满芒果的果树，这个时候不要激动，也许你看到的只是扁桃。这个扁桃并不是蔷薇科那个可以提供"美国大杏仁"的扁桃，而是长相几乎跟芒果一模一样的扁桃，只是它的味道比芒果要差多了，果肉也实在太薄了。扁桃与普通芒果最大的区别在于前者花序无毛，后者花序有毛。

最后提醒大家一下，最好不要采摘城市道路旁的芒果和其他水果。因为在维护过程中，园林部门会使用控制害虫的农药，这些农药可不是为蔬果设计的，什么残留、毒性，都不在考虑范围内，杀死害虫几乎就是唯一的目标。喷了这样的药剂，这果子能不能吃就得考虑了。

还好，如今芒果已经不是什么金贵的东西，即便想体会采摘的乐趣，找个果园也并非难事。那些绿化带里结的芒果，就让它们成为树梢上美丽的"酸葡萄"吧。

番木瓜 PAPAYA

嫩肉粉提供者

  时至今日，"以形补形"仍然是个颇为流行的营销概念，就连蔬菜水果也不能免俗。比如，木瓜就因为圆润的形状，被不讲道理地赋予了改善身材的功能。但是理想很丰满，现实很骨感，即便啃下成堆的木瓜也不会有任何帮助，反倒是获得了足量的胡萝卜素。

  真正的番木瓜究竟能带给我们什么呢？

此木瓜非彼木瓜

在中国历史上有很多关于木瓜的故事，比如说，安禄山用木瓜掷伤了杨贵妃。问题来了：我们在超市里买到的软糯可口的木瓜，怎么可能变成伤人的暗器呢？

真相只有一个——此木瓜非彼木瓜。安禄山使用的木瓜看起来像缩小版橄榄球，通体金黄，散发着苹果和柠檬混合的香气。但是，这果子并不容易对付，甚至可以说是顽固。

中国传统的木瓜从来就不是一个好吃的水果，自始至终就没有俘获中国人的胃。木质化严重的果肉并不适合作为鲜果来食用，更别说其中还有丰富的酒石酸和苹果酸。把木瓜切片放进嘴巴里，得来的不是乳酪般扩散的甜蜜，而是如电流在舌尖跳动般的酸爽。

但毫无疑问的是，木瓜是一种广泛分布的植物，木瓜海棠、贴梗海棠、日本海棠的果实都可以被称为木瓜。所以，《诗经》中说"投我以木瓜，报之以琼琚"，其实并不是要说木瓜珍贵，而是要强调"滴水之恩当涌泉相报"。

真正被大众接受的"木瓜"其实是番木瓜。

番木瓜的老家在美洲，墨西哥以及邻近的中南美区域是木瓜栽培的起源地。早在16世纪西班牙人来到美洲前，美洲原住居民就开始种植木瓜了，并且木瓜已经作为商品出现在了市场上。

番木瓜十分好养活，只要保证水热条件就能结出果子。番木瓜有三种基础性别，分别是只会产生花粉的雄性植株，只会长出雌花的雌性植株和会开出两性花朵的两性植株。但是番木瓜的性别并不稳定,我们有可能在雄性番木瓜树上看见番木瓜果子。

最近的研究认为,番木瓜的两性植株真正分化恰恰是在人类栽培之后才发生的,因为两性植株携带的 Y 染色体的遗传多样性低于其他类型,这说明在选择过程中出现了瓶颈效应。换句话说,两性番木瓜树倒是一个新近产生的特别类型。

中国人的口味

在西班牙人发现番木瓜之后,这种植物被带到了世界各地。大概在 300 年前,番木瓜进入了中国。

实际上,番木瓜最初进入中国的时候并没有受到礼遇,反而是作为一种下等食物出现的。曾经有个段子,某人给上司送了一大筐番木瓜,上司对番木瓜大加赞赏,这位下属不合时宜地补上一句:"您能喜欢太好了,在我们家只有猪喜欢吃。"堪称神补刀。

相较于中国本土的木瓜,番木瓜有着更多的糖分和更柔软的果肉。甜美的滋味让番木瓜成为更容易亲近的水果,但它在变成流行水果的过程中也经历了曲折的斗争和营销,这都是后话了。

不管你喜不喜欢番木瓜的口味,它们都闯进了你的生活。就算你是不爱吃水果的肉食爱好者,也难免与番木瓜间接发生关系。

嫩肉粉里显神威

如果你自己下厨就会发现，想要让炒牛肉柔软易嚼是一件很难完成的任务。就算我们用心挑选食材，认真切割，讲究火候，也很难做出好嚼的杭椒牛柳。但是，在饭店吃到的炒牛肉总是口感嫩滑。

饭店的绝招恰恰与番木瓜有关。

番木瓜中含有一种特殊的蛋白质叫木瓜蛋白酶。木瓜蛋白酶可以将硬的肉纤维（由蛋白质组成）切断，从而让肉类变得柔嫩可口。南美洲的土著居民早在数千年前就已经发现了番木瓜的这种神奇功能。实际上，我们在市场上买到的嫩肉粉，主要成分就是木瓜蛋白酶。

其他水果中也有蛋白酶存在，比如菠萝蛋白酶，菠萝鸡片这道菜大概就与菠萝蛋白酶有关。不过，水果中的蛋白酶也会带来一些麻烦：吃菠萝嘴巴会肿起来，就是因为菠萝蛋白酶在捣乱。吃菠萝之前泡盐水，正是为了去除蛋白酶。

至于嫩肉粉中的蛋白酶，它会被烹调时的高温破坏；同时，木瓜蛋白酶能够引起的过敏反应远低于菠萝蛋白酶，所以大家完全不用担心。

更神奇的是，木瓜蛋白酶可以降解生物毒液中的蛋白毒素，所以这种特殊的酶类物质可以在很多时刻大显神威。被水母、蜜蜂、黄蜂等蜇伤或被魔鬼鱼刺伤时使用的急救药，主要成分就是木瓜蛋白酶——看似熟悉的番木瓜，能给我们提供的远不止好味道那么简单。

南酸枣

有枣之名，无枣之实

通常来说，人类喜欢的味道都代表了人体必需的物质，比如甜味通常是碳水化合物的味道，它提供了人体活动所需的基本能量；至于咸味的代表，则是人体离不开的盐。那些人类不喜欢的味道，通常是有害物质的代表，比如苦味通常就是各种有毒化学物质的典型味道。但是，有一种味道很难划分它的阵营，那就是酸味。

在野外一看到各种酸溜溜的果子，口水就流下来了。小时候，一到秋天我就跟小伙伴摘酸枣吃。摘酸枣是个技术活，因为灌木状的酸枣树上尖刺密布，稍不留神就要受皮肉之苦。比黄豆大不了多少的酸枣可以吃的部位相当有限，把红红的酸枣皮吮吸掉之后，就只剩下一个"硕大"的枣核了，似乎除了皮就是核，中间根本没有果肉。不过这并不妨碍小朋友对这种野果的执着。

很多年后，我在广西南部的弄岗保护区工作，当地的好朋友给我带来了几个大酸枣，个头比我小时候摘的酸枣大多了，甚至比一些红枣都要大。这些黄皮的大酸枣，吃在嘴里的感觉比正宗的酸枣实在多了，厚厚的果肉更有存在感，明快的酸味中混着淡淡的甜，还有几分类似芒果的香气。除了味道很不错，更有意思的是，它们的种子上面有五个眼。不久之后，我就在保护区的山上见到了这些大酸枣的真身：结果的都是大树，而不是带刺的灌木。其实这些黄皮大酸枣并不是酸枣，而是南酸枣。

大树上面的南酸枣

要论关系，南酸枣跟酸枣可以说是八竿子打不着。酸枣是标准的鼠李科枣属的植物，它们是我们熟悉的红枣的祖先。而南酸枣则是漆树科南酸枣属的植物，说起来倒是跟芒果、腰果和漆树是一家人。

酸枣通常是带刺的灌木，而南酸枣可是能长到 20 米高的大乔木；酸枣只有卵形的单叶，南酸枣的叶片则是有 3 ～ 6 对小叶的羽状复叶。被称为南酸枣，大概只是因为果实形状如枣，味道酸甜。只是这种酸枣无论怎么生长，果皮的颜色永远是黄色的。

南酸枣的名字提示了它们的原生地，在西藏、云南、贵州、广西、广东、湖南、湖北、江西、福建、浙江、安徽都可以找到南酸枣。海拔 300 ～ 2000 米的山坡、丘陵或沟谷林中都是它们的良好家园。除了我国，印度、日本和中南半岛也有南酸枣的分布。

虽然在福建、江西等地有用南酸枣做酸枣糕的习惯，但是在很多产地，南酸枣仍然是一种野果，或者是绿化和木材生产的副产品。不过，这并不影响小朋友对南酸枣的喜爱。每年 7 月份，南酸枣完全成熟的时候就会从树上自然掉落下来。软熟的南酸枣散发出的是一种清新的、类似枣和芒果的气味，剥开硬皮，里面是白色的果冻状的果肉。轻轻吮吸果肉，酸甜适中的可口滋味就弥散在嘴巴中。这个时候最好不要尝试用牙齿把果肉完全剔下来，那样做的结果只能是"塞牙"，因为种子上面还有很多附属的纤维，所以只要吮吸就好。这在芒果中也是很常见的现象。

柠檬酸是柠檬味的吗

南酸枣里面含有的酸主要是柠檬酸、酒石酸和苹果酸等有机酸，其中以柠檬酸和酒石酸为主。有朋友可能会说，应该就是这些酸提供了特殊的风味，特别是柠檬酸，看名字，它的味道就该是柠檬味的。

在这里需要澄清的是，柠檬酸和酒石酸是酸味果实中具代表性的有机酸，比如柠檬和柑橘中的柠檬酸，酸豆（酸角）中的酒石酸，这两种主力的有机酸都是没有气味的。至于柠檬的气味，则来自其中的柠檬醛等挥发性物质。

不过，柠檬酸和酒石酸的酸味多少有些区别，柠檬酸更像长矛，进攻犀利轻快；而酒石酸更像是大刀，敦厚持久。

酸味和维生素 C 有关联吗

如今，南酸枣被作为一种重要的野生植物资源开发。在很多野生植物类食物的宣传中，都会提到富含维生素 C，有酸味的植物尤其如此。好像这果子越酸，里面的维生素 C 含量就越高。这个误会大概源于把柠檬作为维生素 C 的代表。

但有意思的是，柠檬的维生素 C 含量并不出色，每 100 克大概只有 45 毫克，与大白菜中的 45 毫克 /100 克持平。之所以成为维生素 C 的代表，大概是因为柠檬这样的水果容易长期保存。在当初保鲜技术和维生素 C 补充剂不发达的时候，柠檬长期作为海员的维生素 C 补充剂，后来就成了维生素 C 的代表。

五眼 "菩提子"

　　吃完了南酸枣，枣核一定不要扔，它们还可以做成被热炒的"菩提子"，而且是五眼菩提！因为椭圆形的果核上有五个孔洞。打个孔做成手串也是个不错的选择。

　　实际上，很多常见食物维生素 C 的含量都可以轻松超过柠檬，比如辣椒的维生素 C 含量可以达到 144 毫克 /100 克，鲜枣更是高达 243 毫克 /100 克。

　　另外，南酸枣因为生长快、适应性强，是比较好的速生造林树种。树皮和叶子还可以用来提取栲胶。

　　只是作为一种水果来说，它在生产和运输上的困难太多，不容易普及。如果想知道它的味道，还是先去吃吃南酸枣片吧。

山楂 HAWTHORN

木柴、糖葫芦和大药丸，谁是山楂的真身？

　　作为一个吃货，在我的记忆里面，再没有一种水果像山楂那样与餐桌结合得如此紧密。为什么这么说呢？因为山楂糖葫芦堪称大众最喜欢的水果美食之一：胃口好的时候来串糖葫芦，胃口不开的时候来串糖葫芦；消化好的时候来串糖葫芦，消化不好的时候还是来串糖葫芦……这糖葫芦简直就是万能的神物，解馋、抗饿又助消化。

童年的酸甜回忆

用山楂穿成的糖葫芦是为数不多的、父母不会阻止孩子购买的零食，甚至有时候还会鼓励孩子吃。虽然山楂还可以变身山楂片、山楂糕、炒红果和山楂糖，但这些都不在父母允许的范围之列。

想来大概还是因为糖葫芦做法够天然。挑选通红饱满的山楂果，最好是成熟到沙瓤状态的；用竹签子穿成串，摆在案板上，浇上熬好的糖汁，稍凉等糖汁凝固，就成了酸甜适口的糖葫芦。做好的糖葫芦一定要插在稻草扎成的圆形草把上，从草把上挑选自己心仪的糖葫芦，那种仪式感是所有"70后"和"80后"共同的记忆。后来，糖葫芦家族不断扩充，开始有了山药的、橘子的、蓝莓的甚至香蕉的，然而在我心目中，除了山楂糖葫芦，其他都是"异端"。

如果孩子胃口不开，就得用山楂丸伺候。这种红棕色的大药丸，刚嚼起来有几分酸甜味道，嚼着嚼着就开始有浓浓的中药味，越嚼越浓。到最后，只能靠喝水来冲刷嘴巴里面的丸药味道。对小时候的我来说，消不消食没有太大感觉，倒是发现了一种可以与表弟分享的新零食。

山楂 vs 山里红

某天去山里玩，看到大大的山楂，随口问了一句："大姐，这山楂怎么卖？""这不是山楂，这是山里红。"好吧，就如同被卖"奇异果"的猕猴桃摊主鄙视一样，作为一个植物学工作者，我又被鄙视了。

在中国，山楂的使用历史已经超过 2000 年，在《尔雅》《山海经》中都有记载。不过，中国古代的山楂树不是果树，而是用来烧火做饭的木柴。在《齐民要术》中，对山楂的描写是这样的："杭……多种之为薪。"这里的"杭"就是中国古人对山楂的称呼。

在李时珍的《本草纲目》中，山楂第一次被编入果部，这才有了水果的身份。山楂的繁荣是从明清时期开始的，从山东逐步扩展到河南、河北、辽宁等省区。顺便推荐一下，山西绛县的山楂蜜饯真是非常好吃。

南北山楂大不同

不管怎样，从明代算起，栽培山楂到现在也有 500 多年了。我们通常吃的山楂包括山楂、云南山楂和伏山楂三个物种。其中，山楂几乎统治了我国北方地区，云南山楂则在我国南方地区称霸，至于伏山楂，跟前面两者完全没有可比性，只出现在东北各地。

如果要分辨三个种，首先区别最大的应该是云南山楂——

它们的叶片通常是浅裂和不裂的，果实并不是常见的浑身通红，而是在黄白色的底色上略有红晕。除此之外，还有土黄色和绿色果皮的云南山楂。山楂和伏山楂非常相近，叶子都是羽毛状，它们的果实通常都是红色的。不过伏山楂的成熟期较早，因在伏天末尾成熟，所以有了伏山楂的称呼。

那么山里红是不是山楂呢？在一些地方，山里红是对山楂的栽培亚种的称呼，通常来说果实的个头更大。但是在很多时候，山里红不是一个正规的中文名，而是一个俗名。俗名的问题就在于它可能泛指很多种植物；而且在不同的地方，所指代的植物物种是不同的。比如东北的一些地区，当地人把果小、味甜、成簇的花楸或者野山楂之类的果实也叫作山里红。所以，山楂和山里红并不存在严格的对应关系，是不是一个物种，完全取决于当地的俗称习惯。

味道奇怪的花朵

在《山楂树之恋》这部电影里，那棵开红色花的山楂树成为很多人心目中圣洁爱情的符号。其实，不管是山楂、伏山楂还是云南山楂都会开出白色的花朵，远远望去，花朵都只是一些分散在绿雾中的白色斑块。如果凑近看，你会发现这些花朵还是蛮精致的，五片花瓣之上有五个玲珑的栗色雄蕊。不过，这种小花朵的气味一言难尽，与栗子花和石楠相比，有过之而无不及。用这种花朵来象征纯洁的爱情，真是有点诡异。不过，这种气味为山楂招揽了传粉的昆虫，说到底还是为了繁殖，也算是一种爱情的味道吧。

那么这个世界上有没有开红色花朵的山楂树？这部电影难道是在骗人吗？其实，还真有——它们是欧洲的平滑山楂的后代。早在 2010 年电影上映的时候，我的好友刘夙就已经介绍了它诞生的故事："有个别种的野生山楂树也能开淡粉色花……欧洲的园艺工作者敏锐地捕捉到了这个变异，通过代代人工选择，先是培育出了开粉红色花的品种'重瓣玫瑰色'（*C. laevigata* 'Rosea Flore Pleno'），又在 19 世纪 50 年代从这个品种中选育出了开更深色花的'保罗猩红'（*C. laevigata* 'Paul's Scarlet'），目前在我国已有栽培。"所以，红色花朵的山楂树还真有其物。

不得不吐的山楂核

我们通常见到的山楂果都有一样的特征：一个个红彤彤的，看起来就像是缩小版的苹果。与常见的苹果和梨的种子不一样，山楂的外种皮异常结实，就像是一块块小石头。吃山楂的时候太硌牙了，不小心硌到就极为酸爽。肯定有朋友会想，要是没有这些种子多好，甚至恨恨地想："硌吧硌吧，这么厚的壳，看你们怎么发芽！"

人家山楂还真能发芽。实验观察发现，干湿和冷热的交替变化，会导致山楂外种皮的收缩和膨胀，最终形成裂纹，山楂的幼苗就是从裂纹中生长出来的。这个时候，山楂种子早已在土壤中很长时间，不会再被动物骚扰了。

山楂果是不是都是红色的？

栽培山楂的果皮颜色是多变的，除了常见的大红色，还有橙色果皮的品种以及黄色果皮的品种。橙色果皮的代表品种是山东的甜红和早红、河北的雾灵红、山西的橙黄果等。而黄色果皮的代表品种是山东的大黄绵楂、小黄绵楂和山西的黄甜。这些山楂叫山里红就不合适了。

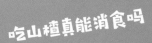

吃山楂真能消食吗

确实，山楂中的有机酸等成分可以促进肠胃蠕动，并且能使蛋白酶活性增强，从而达到消食的目的。但要注意的是，山楂中含有大量的鞣酸，空腹大量食用山楂很可能会引发胃结石。所以，千万不要为了消食拼命吃山楂，结果可能适得其反。如果大量进食生山楂后出现腹痛、腹胀、呕吐、排便困难等症状，就赶紧去看医生吧。

人心果 MANILKARA ZAPOTA

口香糖树上的大柿子

在吃这方面，人类绝对是个奇怪的物种。明明是给植物命名，却偏偏要同其他物质扯上关系，比如牛油果、鸡蛋果、蛋黄果、牛奶果，还有人心果。好吧，这最后一个听起来有几分吓人，以至于每次吃人心果的时候，我脑子里总会浮现出《聊斋志异》里的情形。不过，别被它的名字吓到，人心果只是形状略像人心而已，熟透的人心果味道还是不错的。

柿子家的远房亲戚

我第一次吃到人心果还是在中越边境的友谊关，一个越南大姐挑着两筐果子在卖。买了之后我当即就要切开，但是被大姐阻止了，说是一定要等软熟才好吃。本着吃货一贯的冒险精神（其实是耐不住口水了），我还是啃了一口，那个涩啊，酸爽到心。另外手上沾了很多像白乳胶一样的东西，清理了很长时间才去除。这就是我对人心果的第一印象。这种涩味来自其中富含的单宁——人心果保护未成熟种子的有力武器。不过，成熟之后的人心果就会变成另一个模样。

严格来说，人心果看起来更像是一个鸡蛋，或者是一个褪了毛的猕猴桃，不过味道与这两种食物都相去甚远。人心果的味道更像是柿子，没错，是一种有木瓜口感的柿子。这些棕色果实内部也如柿子一样有厚厚的果肉和种子。人心果和柿子确实有些亲戚关系，人心果所在的山榄科与柿子所在的柿树科是非常亲密的兄弟科，就像百合科与石蒜科、禾本科与莎草科的关系（所以石蒜长得像百合，莎草长得像禾草）。所以，人心果与柿子的味道相似是可以理解的。

山榄科与柿树科最大的区别就在于，前者的茎秆里面有乳汁，后者则没有乳汁。人心果的乳汁不仅是植物身份的代表，它还有更重要的用途——制作口香糖——就是我们常吃的那种嚼来嚼去的口香糖。

同样的嘴巴，不一样的口香糖

回顾人类历史，各地人群放在嘴里嚼过的"口香糖"还真不少，种类和来源千奇百怪。在新石器时代，芬兰人就开始咀嚼用桦树焦油（把桦树枝条切碎隔绝空气加热，就会得到有黏性的焦油）制成的口香糖，留下牙印的口香糖在 5000 多年后被考古学家发现，这大概是最早的口香糖了。不过，这种口香糖的味道着实让人捏把汗，桦树皮、焦油……想想都没有好味道。

后世的一些口香糖相对靠谱一点。希腊人嚼的是一种叫乳香黄连木的植物的树脂，这是一种漆树科的植物，割开树干就能得到很多象牙色的树脂。这种树脂被当作治疗胃肠道疾病的药物，也被当作香料用在各种甜品之中，特别是一种叫"咚哆吗"（Dondurma）的土耳其冰激凌，据说这种冰激凌是有嚼劲的！说到嚼劲，这种树脂当然也能变成人们嘴里的口香糖。直到今天乳香黄连木的树脂依然在当地发挥着作用。

北美印第安人嚼的是从云杉树得来的树脂，我们经常会在破损的松杉类植物的伤口上发现这类树脂。它本来的用途就是帮助植物封堵伤口，避免更大的伤害；另外还有警告动物不要随便去啃树皮的作用，否则一嘴巴黏糊糊的东西，那感觉可不好受。不过，人类真是个很奇怪的物种，不仅爱嚼这种东西，还把这东西做成了生意！来到美洲的白人殖民者很快就学会了嚼云杉树脂。1848 年，一个名叫约翰·B. 柯蒂斯（John B. Curtis）的人开发出了第一种商业售卖的纯云杉树脂口香糖（The State of Maine Pure Spruce Gum）。这些口香糖仍然是原味的，因为除了树脂里面什么都没有，很快就被工业制造的石蜡口香糖替代了。

　　第一种调味口香糖出现在 1860 年。在这些口香糖的混战之后，真正的口香糖终于出场了——这种真正意义上的口香糖就来自人心果和它的同属兄弟们。

橡胶替代品变身口香糖

人心果树生长在中美洲的丛林中，玛雅人和阿兹特克人都有咀嚼人心果树脂的习惯。当时的人缺吃少喝，很有可能嚼这种东西来安抚空虚的胃。这是最初的口香糖的重要作用，什么清洁牙齿倒在其次了——连吃都没得吃，哪儿来的牙垢呢。玛雅人和阿兹特克人咀嚼人心果树糖胶，看起来是多么无奈的选择。

欧洲殖民者来到人心果的老家之后，对这种嚼来嚼去安慰肚子的产品并不感兴趣。他们更感兴趣的是这种有弹性的物质能不能替代橡胶。随着第二次工业革命的兴起，人类对橡胶的需求量与日俱增，但是天然橡胶的供给又非常有限。寻找替代品就成了植物猎人的一个重要工作。正是基于这个原因，人心果树胶成了潜在的黄金替代品。19 世纪 60 年代，墨西哥前总统安东尼奥·洛佩斯·德·桑塔·安纳将军把人心果树胶带到了纽约，交给了托马斯·亚当斯。遗憾的是，用人心果树胶做出的轮胎，性能并不如真正的橡胶轮胎。但是这种物质在超市的零食货架上获得了新生：混合了蔗糖的人心果树胶被切成小条之后，成为人们喜爱的口香糖，随着两次世界大战中美军的脚步，这种零食很快风靡全球，可谓是有心栽花花不开，无心插柳柳成荫。当然，能提供树胶的不止人心果，还包括同属山榄科铁线子属（*Manilkara*）的几种植物，例如智利铁线子（*Manilkara chicle*）、少蕊铁线子（*Manilkara staminodella*）和巴拉塔树（*Manilkara bidentata*）。

不过，没过多长时间，人心果树胶就被人工合成的橡胶类物质取代了，比如丁苯橡胶、丁基橡胶、聚异丁烯橡胶等，这

些橡胶的性能更好，口感也更好。另外，我们熟悉的口香糖里还要添加改善吹泡泡性能的树脂，改善咀嚼质地的蜡质（比如棕榈蜡、蜂蜡、石蜡），再加上薄荷醇以及各种甜味剂。

没有完全成熟的人心果其实还会流出树胶，如果有兴趣的话，可以去感受一下它的黏度，想象一下这种特殊果实曾经的特殊用途。

香瓜茄 PEPINO

洋人参果的中国之旅

　　小时候，我曾经对一种水果极其痴迷，那种水果的名字叫人参果。就因为一部特别著名的"探险纪录片"中展示了它的强大实力：万寿山五庄观有人参果，又叫作"万寿草还丹"，果子的模样就如三朝未满的孩童，四肢俱全，五官兼备。它"三千年一开花，三千年一结果，再三千年方得成熟。短头一万年，只结得三十个。有缘的，闻一闻，就活三百六十岁；吃一个，就活四万七千年"。如此强大的果子，导致"探险队"的一场灾难，于是有了孙悟空大闹五庄观。对，这部"纪录片"的名字就叫《西游记》。

　　这水果不仅功效强大，连采摘技巧都堪称经典，因为它们"遇金而落，遇木而枯，遇水而化，遇火而焦，遇土而入"，"敲时必用金器，方得下来。打下来，却将盘儿用丝帕衬垫方可"。当时我还央求父母买一把金击子回来，以备不时之需，当然，家长严正拒绝了我这个无厘头的要求。

　　长大后，超市里真的有了人参果。我二话不说，买回一打尝鲜。只是这些人参果看上去更像是鸡蛋，并无人形，吃起来的感觉就像茄子和甜瓜的混合体，吃了后也没有任何脱胎换骨的感觉。这些人参果究竟是从哪个道观跑出来的呢？

生性皮实的人参果

人参果的中文正名叫香瓜茄，这个名字明确地暴露了它们的身份——茄科家族的成员。它们的植株与辣椒、茄子和土豆的植株极其相似，都拥有五角星一样的花朵、胖乎乎的果实。只是成熟的香瓜茄果子，中有空腔，并不像茄子那么敦实，倒是更像甜瓜。香瓜茄的名字大概是由此而来。

现实中的人参果并非出自亚洲，更不是出自五庄观，而是从南美洲漂洋过海而来。南美安第斯山脉的温带区域非常适合它们生长，哥伦比亚、秘鲁、智利都是它们的原始家园。这种茄科植物对生活环境几乎没有挑挑拣拣的习惯，从海滨到海拔3000米的高山都能对付，只要没有长时间的霜冻，即便温度降低到 −2.5℃ 也不会影响它们的茁壮成长。

香瓜茄小苗定植之后 4～6 个月就能开花结果，什么"三千年一开花，三千年一结果"只能是神话了，香瓜茄就是只争朝夕的果子。另外，香瓜茄的植株通常不可能在农田里生活太多的时间。虽然香瓜茄是多年生植物，但是为了保证产量，每年都会更新植株。

再来说开花的事情。香瓜茄的花朵与番茄、茄子的花朵非常相像，自己就可以给自己授粉，这点倒是与《西游记》中的人参果一样——只有一棵大树也可以通过自花授粉结果。至于采摘，也不需要特别的工具，只要够轻柔就好。

吃人参果能成仙吗

虽然香瓜茄的植株皮实，但是它们的果实却相当娇嫩，不耐储存也不耐运输，于是长期以来就只能在南美大陆转悠。直到 19 世纪末的时候，香瓜茄才被带到了美国，再后来被输送到了新西兰。在随后的一个世纪里，香瓜茄开始被世界各地的苗圃接受，开枝散叶。

香瓜茄来到中国已经是 1985 年的事情了。位于广州的华南植物园第一次引入了这种特别的果实，但并没有顺利推广开来。直到近年来，商家换掉了香瓜茄这个土气的名字，换上了人参果这个"高大上"的称呼（好吧，我想此处一定会有巨量吐槽），这才在市场上一举成名，成为市场上的高档水果。

但是就果子味道而言，我倒是觉得没有多少可取之处。果肉不脆也不硬，不甜也不淡，还有一丝淡淡的、茄科植物特有的青草味，这同网上那个"蜜露和甜瓜混合体"的形容相去甚远。不过也可能是我在北京吃到的人参果都非本地所产，糖分和风味物质都存在缺陷，引发了我的误解。附带说一句，白色略带紫色条纹是七分熟的象征，完全成熟的香瓜茄是带着紫色条纹的金黄色果实。要想吃美味的香瓜茄，还要会挑选。话说回来，这人参果吃了能不能让人成仙呢？

我们还是看看这果子里有什么"仙药"吧。每 100 克香瓜茄里面含有维生素 C123 毫克，蛋白质 1.43 克，糖 3.17 克，除了一些矿物质，其余 94% 以上都是水分了。营养倒也算是均衡，但是在水果中也不算出众，基本上可以与猕猴桃打个平手。所以人参果这东西大概只能是那些沙漠旅者眼中的仙果吧。

人参果？人形果？

除了香瓜茄这种人参果，超市中还有一种长成小娃娃模样的人形果。一个个绿色的小娃娃，脖子上拴着红绳，端坐在水果区的货架之上。并且身价不菲，每个付 10 ~ 15 元人民币，就能把"娃娃"带回家。其实这种果子并不神秘，它们的真身就是甜瓜。

在甜瓜刚刚结果的时候套上一个人形模具，在果实生长的过程中，幼果就会填满模具，不再留下空隙。在生长末期去除模具，我们就能得到一个人形甜瓜了。切开这个人形瓜就能看到里面的甜瓜瓤，其身份不言自明。

这种技术其实并不鲜见，前两年日本流行的方形西瓜也是用类似的手法，用模具制成的。有兴趣的话，自己用模具来种出机器人形状的甜瓜也没问题，通常来说，葫芦科的果实有比较强的可塑性，甜瓜是首选。

香瓜茄也好，人参果也罢，都体现了人类对美好生活的期望。其实只要能合理安排饮食和作息，调整心情，三千年也好，三千天也罢，每一天跟所爱的人在一起，每一天都会很幸福，每一天我们都在啃属于自己的"人参果"。成不成仙又如何？

苹果 APPLE

水果界的汪星人，要面要脆，削不削皮，你说了算

　　吃水果要的不仅是营养，很多时候还要个好口彩：吃柿子是事事顺意，吃橙子是心想事成，吃苹果自然就是平平安安了。时至今日，苹果大概是中国最大众化的水果之一了：花牛，元帅，红富士，金冠，嘎啦，黄香蕉……几乎抢占了水果摊的半壁江山。可是，很少有人知道，最早的苹果并不是十分讨人喜欢，更不用说成为大众水果了。今天我们来聊聊关于苹果的二三事。

一路向西才是出路

如果非要给苹果下一个定义的话，我觉得它就是水果界的汪星人，多变又忠诚。这世界上的苹果种类有数千种，就如同汪星人，不仅有机灵的金毛，也有犯傻的"二哈"；有超大的大丹犬，也有小巧的吉娃娃。苹果的种类也是从小到大，从脆到面，一应俱全。如同狗的祖先都是狼，世界上所有的苹果也都来自一个祖先。只是很少有人会注意到这种蜷缩在中亚和我国新疆地区的野果子——新疆野苹果（塞威士苹果，*Malus sieversii*）。

其实，这种苹果很早之前就踏足中原了，但很遗憾的是，单独进入中原的新疆野苹果变成了"柰"和"绵苹果"，酸溜溜的绵软口感实在无法勾起人们的食欲。于是，柰一直是中原水果的配角，以至于很少有人知道，这些果子竟然也是苹果。

还好一路向西的另外一支新疆野苹果并没有孤军奋战，而是与欧洲野苹果（*Malus sylvestris*）联姻，强强结合产生了更优质的后代，为多变优秀的苹果家族奠定了坚实基础。不过，最初苹果并不是用来鲜食的，而是用来酿酒和烹饪的。真正的大发展还是在苹果随着欧洲移民大潮登陆美洲之后，苹果品种大大增加，特别是在"一天一苹果，医生远离我"广告语的推动下，苹果成为家喻户晓的果子。

西洋苹果来到中国已经是 19 世纪之后的事情，这种水果是如此优秀，以至于我们每个人都能找到适合自己口味的苹果。

苹果大国的尴尬

2013 年，中国的苹果年产量达到了 3970 万吨，而排行老二的美国总产量只有 410 万吨。如此大的反差，让我们有种错觉，是不是我们的苹果产业已经达到世界领先水平了？但是市场上的苹果品种却是屈指可数，虽然各种产地、艺名让人眼花缭乱，但是追根溯源，大概只有富士、花牛、黄元帅这寥寥数种。

毫无疑问，富士苹果就是为中国市场而生的苹果。皮薄、肉脆、汁多、味甜，很少有比富士更好的鲜食苹果了。在中国，很少有人家用苹果进行烹饪，所以偏重于鲜食的富士苹果一统天下也就可以理解了。什么新疆阿克苏冰糖心、栖霞富士、云南丑苹果、四川丑苹果、万荣冰糖心……统统都是富士苹果。歪斜的果体和竖纹就是富士苹果的身份标志。

我还记得在 20 世纪末的时候，国内还是国光、富士、黄香蕉"三分天下"的局面。然而，因为价格上的巨大差异，那些国光、黄香蕉的果树慢慢被砍了个干净。自国光苹果被富士取代之后，似乎再也没有哪个国产品种能站出来挑战富士苹果的地位，只有花牛和黄元帅勉力支撑——只是，这两种苹果只能吸引那些喜欢面面的口感的朋友。

按理说，苹果应该有很多很多的口味才对。因为这种植物是自交不亲和的，简而言之，就是自己给自己授粉没用，必须要跟其他苹果属交换花粉才能结出种子。这种特性会带来一个好处，就是苹果种子有很多组合。毫不夸张地说，如果世界上的苹果树都是从种子生长而来，那我们将很难找到两棵完全一样的苹果树，也很难吃到完全一样味道的苹果。这当然不是水果商愿意看到的，但是别忘了，我们还有嫁接这种手法。只要把优良的枝条嫁接到砧木上，就能批量化生产了。

然而富士苹果的销售也面临巨大的压力，那就是品种单一。国内市场上几乎是富士苹果的天下。反观进口的品种，千雪、世界一号、陆奥、青森、黄王、蛇果……各个趾高气扬，甚至连青苹果都要比富士苹果有身份，而国内却没有这样的苹果出现。

在传统技术条件下，水果育种是一个庞杂且艰巨的工程。在之前的三十年时间里，我们引进了大量国外优秀的水果品种，对推动我国的水果生产发挥了重要作用。当然，这也让一部分人有一种错觉，就是国外的品种都比本土的品种好。实际上，随着研究的深入，种子法等相关法律法规的完善，我国的水果育种获得了弯道超车的机会。随着分子育种手段和组织培养等技术的支持，我们有了越来越多自主育成的新品种；再加上电商环境的孵育，水果摊上已经出现了诸如"秦脆"这样优秀的苹果品种。在未来，好的本土水果一定越来越多。

要不要吃有蜡的苹果皮

苹果皮上有没有蜡？那必须有。这样的苹果皮还能吃吗？当然能吃了，但是注意了：不吃的关键不在于有没有人工上蜡，而吃的关键也不在于有没有营养。

苹果表皮细胞的作用很明确，一是防止水分流失，二是防御动物、微生物的侵袭。所以，这里的细胞要紧紧相靠，同时还有厚厚的果蜡保护。不仅如此，作为防御系统，自然少不了储备一些化学武器，来对抗那些在不适当时间偷嘴的动物。

当然，说果皮中的营养含量高一点也不过分，毕竟这部分细胞排列得更紧密，水分也更少。但是即使营养含量高出果肉数倍，考虑到二者的重量比，果皮在营养总量中的贡献也甚微。

仅有一点值得苹果果皮炫耀，那就是果皮所含的花青素等色素通常是果肉所缺乏的。不过，这些色素的作用多半是吸引动物来取食，要想让新兴的保健物质起作用，恐怕要大口大口地大量吃被削下来的果皮。如果哪位朋友有这样的打算和嗜好，请联系我，我将尽力帮你消灭吃不掉的果肉。

所以，吃苹果要不要削皮，还是个人习惯、口感的问题。喜欢啃就啃，不喜欢啃就不啃喽。

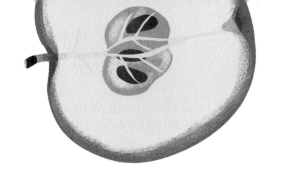

冰糖心是什么心

近些年，一个特别的苹果品种出现在市场上，那就是冰糖心品种。把这些苹果切开之后（特别是横切），就会看到花瓣一样的半透明斑块，被商家称为冰糖心。冰糖心所言非虚，确实很甜，连靠近苹果核的地方都是甜的。

然而这并不是什么特别的新品种，而是苹果得病了，这种病叫苹果水心病。病组织含酸量特别是苹果酸的含量较低，所以更甜。但是这样的果实不耐存放，所以买到冰糖心的苹果，就要赶紧把它们吃掉。

MELON

香瓜、甜瓜、哈密瓜

它们都是什么瓜

　　整个夏天都是瓜家族的表演时间，且不说西瓜兄弟的惊艳出演，单说各种甜瓜的亮相就足以让人眼花缭乱了：长的羊角蜜，小的绿宝甜瓜，厚皮的白兰瓜，带网纹的网纹瓜，还有传统的哈密瓜……这些瓜之间都是什么样的关系？

　　另外，有些时候甜甜的瓜瓤却泛出了苦味，更麻烦的是有人吃了甜瓜之后会感觉刺嗓子、舌头麻，这又是什么原因呢？

厚皮薄皮都是一家瓜

中国人食用甜瓜的历史相当悠久，在《诗经》中就有"七月食瓜，八月断壶"的记载。这里提到的瓜不是冬瓜、西瓜，而是甜瓜。

其实不论皮薄皮厚，世界上所有的甜瓜都是一个物种。它们都是葫芦科甜瓜属的植物，要论亲戚关系，和西瓜、南瓜、葫芦这些葫芦科的蔬果都是亲属。

甜瓜第一个群体发源地在西亚，共同特点是厚皮厚瓤，外皮并不能吃，比如欧美人喜欢的麝香甜瓜和卡沙巴甜瓜。要说厚皮甜瓜中的明星，白兰瓜是当之无愧的。这种在欧美被称为"蜜珠"（Honeydew）的品种，是当地餐桌上的宠儿。白色的光滑外皮、浑圆的身材和淡绿色的果肉是它的特征。完全成熟的白兰瓜，肉质细软，味道甜蜜，与它的名字配合得天衣无缝。

东亚群体是另外一个极其重要的群体，这群甜瓜几乎都是薄皮品种，皮薄肉脆是这些甜瓜的特点。在市场上常见的绿宝甜瓜和羊角蜜是薄皮甜瓜的代表，绿宝甜瓜的特征是果实翠绿，长着一副标准的"香瓜"身材——一头大一头小。至于羊角蜜，模样就像个羊角，成熟之后浑身泛着白绿色。虽然外表不是很惊艳，但是它们都有爽脆多汁的口感，甜蜜的滋味足以征服很多朋友的舌头。

第三个群体来源于中亚，这里的甜瓜体型最大，包括了大个头的夏甜瓜和冬甜瓜，我们熟悉的哈密瓜也是其中的一员。要说名气最大的甜瓜，还要算哈密瓜。正宗的哈密瓜是黄皮黄瓤，它们的果肉既不像羊角蜜那么脆，也不像白兰瓜那么软，口感介于两者之间。橙黄色的果肉在餐桌上很容易就成为大家关注的焦点。

吃甜瓜容易长胖吗

甜瓜的甜在众多水果中当属出众，特别是吃哈密瓜和白兰瓜等品种时，真是味道如蜜一般。很多人害怕吃甜瓜会长胖，其实甜瓜的热量并不高，100 克超甜的哈密瓜中含有的碳水化合物也只有 7.9 克。

除非把甜瓜汁当水喝，不然就没有长肉之忧。

苦的瓜和麻嘴的瓜

有朋友可能吃到过苦味的甜瓜，那是因为这些甜瓜中含有葫芦素。瓠子、黄瓜的苦味也是葫芦素引起的。

甜瓜过敏也不是什么稀奇的事情。通常来说，口腔的刺痛感是最轻微的过敏反应，在诸多过敏症状中出现的频率也最高。一些严重的过敏症状还包括呕吐、起疹子、吞咽困难，甚至有可能引起血压降低。通常来说对花粉过敏的朋友有极高的概率对甜瓜过敏。

吃下去的瓜子去哪儿了

甜瓜好吃，特别是瓜瓤部分更好吃，软软甜甜。只是这些白色的瓜瓤上挂着太多种子。很多朋友都害怕吃下去的甜瓜种子挂在肠道之中，其实这多虑了。在漫长的演化历程中，甜瓜的种子早就适应了动物传播，怎么吃下去就怎么排出来。厚厚的外壳、光滑的表皮，可以帮助它们顺利通过我们的肠道。

橘子 TANGERINE

上火不是它们的错

　　隆冬时节，新鲜水果越来越少。但是这个时候，有一种水果会把水果摊布置得热热闹闹，那就是橘子。冰糖橘、砂糖橘、南丰蜜橘、黄岩蜜橘……不同橘子的个头和色泽差别很大，但是它们都有浓郁的橘子气味和酸甜多汁的口感，剥皮又如此方便，让人忍不住吃了一个又一个。可是，大家大快朵颐的时候通常会收到一个"忠告"——橘子吃多了容易上火，不能多吃。这种说法究竟有没有道理，吃橘子是不是要控制总量呢？

别叫我桔子

橘子是中国土生土长的水果，因为包裹在橘子瓣上的皮很宽松，很容易剥开，所以也有一个宽皮橘的名字。

"橘子"是这种水果的标准写法。至于"桔"，这是另一种植物，读作 jié，通常用在"桔梗"这个词里，就是《桔梗谣》的桔梗，也是朝鲜小菜里的桔梗。不过翻开《辞海》，"桔"也有一个读音 jú，解释为"橘的俗体"，也就是说，全国许多地方都把"桔"当作"橘"的"俗字"。这两个字混在一起大概是简化字方案的结果，1977 年颁行、1986 年废止的《第二次汉字简化方案（草案）》中，曾将"橘"简化成"桔"。但除此之外，在历来的国家标准性文件中，"橘"从来都是正体字，地位一直相当稳固。

一说到橘子，人们也经常会用到"南橘北枳"这个成语，意思是外部环境不好，种出的橘子就会变成又酸又苦的枳。其实，这是冤枉了枳——这种浑身长满尖刺，结出毛茸茸、圆溜溜果子的植物跟橘子压根就没有关系。

虽然橘子好吃，但是橘子吃多了，多少会有不适的症状，比如牙龈红肿、出血、胀痛等。这些症状，难道就是上火吗？其实从科学层面看，这不过是某些物质摄入过量了，比如，橘子中富含的维生素 C 和胡萝卜素都是隐藏的"火气"。

维C虽好，但不要过量

维生素C让氨基酸规则地结合在一起，这样我们的皮肤和血管才有弹性。另外，维生素C还是高效的抗氧化剂，那些在代谢过程中产生的强氧化剂，还要靠它们帮忙清除。只有在维生素C充裕的条件下，我们的机体才能正常运转。

但是，维生素C摄入过多也会导致疾病，这恐怕是很多人都不知道的事情。维生素C过多可以引起恶心、呕吐、皮疹等不良症状。在我们大量吃橘子的时候，就有可能因为摄入维生素C太多，出现上述的中毒反应，自然就感觉"上火"了。

染黄鼻头的胡萝卜素

除了维生素C，橘子中还含有一些会引起机体反应的物质——胡萝卜素，这也是一种被中国家长推崇备至的营养物质。实际上，人体对胡萝卜素的需求量并不大，一般成年男性一天只需要0.3毫克左右，即使是消耗量比较多的成年女性，每天也只需要1.2毫克左右。半根胡萝卜就足以提供这些胡萝卜素了。

柑橘类水果中含有丰富的胡萝卜素，砂糖橘的胡萝卜素含量可以达到1.3毫克/千克。也就是说，吃下1千克小橘子基本上就超过需要的量了。多余的胡萝卜素会混进血液，如果量过多"染"黄了鼻尖和手掌（很多情况下被误认为黄疸），会让人在面相上呈现出病态。对于皮肤白嫩的婴幼儿，这种影响表现得更为明显。

冰过的橘子才好吃

　　跟大多数水果一样，橘子中也含有大量的果糖。这种糖有个特点——温度越低，我们感受到的味道就越甜。所以，那些在暖气边上焐热的橘子，就只剩下酸味了。要是想尝到清甜的橘子，还是给它们一点冰冷的空间吧。

　　再次提醒，橘子虽好，还是要适可而止哦。

水饱不是饱

　　要注意的是，大量进食柑橘势必会影响到正常的饮食。虽然橘子里面有大量的维生素和矿物质，但是绝大部分成分仍然是水，所含的碳水化合物只是寥寥。试想一下，喝一大堆橘子味的水能管饱吗？显然这种水饱不能支撑人体的正常运转，出现头晕等低血糖症状也就在所难免了。

橙子 ORANGE
一个剔除中年油腻的年轻水果

　　我第一次吃橙子大概是在四五岁的时候。那个时候，北方的冬天仍然是个物资贫乏的季节。市场里的蔬菜水果屈指可数，萝卜、土豆、大白菜是当家菜中的三元老，苹果是整个北方冬天能够保证供应的水果，偶尔出现的橘子就是水果中的战斗机了。后来，也许是运输事业开始蓬勃发展，新鲜的水果出现了，广柑出现在我们家的餐桌之上。虽然名字里面有个柑字，但是我可以确信这东西不是柑，因为广柑的皮很难剥开，穿透牙釉质的酸味足以匹敌现在流行的青柠，全然不像后来吃到的芦柑那样清甜可口。现在回想起来，那时吃到的就是橙子，而且是很酸的橙子。

混乱的家族关系

这也不奇怪，柑橘家族本来就是一个极度混乱的大家族。若论关系，橙子还真需要叫橘子一声老爹。追根溯源，柑橘家族的大家长主要是香橼（*Citrus medica*）、柚（*Citrus maxima*）和宽皮橘（*Citrus reticulate*）这三位，而橙子则是柑橘家的第一代"私生子"。

橙子家还要分出甜橙（*Citrus sinensis*）和酸橙（*Citrus aurantium*）两个种。之前有科学家认为这两个种其实是一个种，还是把所有的橙子都扔进酸橙家门就好了。但是，最新的研究发现，虽然都叫橙子，但是酸橙和甜橙的来源是不一样的。

酸橙是柚子和宽皮橘的直接后代，柚子是妈妈，宽皮橘是爸爸。

对甜橙来说，柚子依然是妈妈，但谁是爸爸，那就真是个问题了。可以肯定的是，甜橙的爸爸们（注意，是"爸爸们"）是柚子和橘子的"私生子"，在研究中被定义为早期杂柑。

不管怎么说，甜橙的出现虽然是整个柑橘家族的一小步，却是水果界的一大步！后来的故事就是以甜橙和酸橙这两个同母异父的兄弟为核心了，甜橙跟柚子老妈变出了西柚，跟橘子老爸变出了一些柑，酸橙跟香橼结合产生了鼎鼎大名的柠檬——柑橘家的成员基本上就齐备了。唉，理清楚柑橘家族成员之间的辈分，还真是个让人挠头的事情。算了，好吃就行。

脐橙的肚脐从哪儿来

考古证据显示，早在公元前 2500 年我国就开始种植橙子。不过，橙子被西方人认识，是很久之后的事情了。大概在 14 世纪，橙子才被葡萄牙人带回欧洲，在地中海沿岸种植。1493 年，哥伦布第二次造访新大陆，橙子才登陆美洲，并且在那里找到了真正的乐土。时至今日，我们在菜市场里可以买到的橙子种类早就不止广柑一种了，脐橙、血橙、冰糖橙，甚至还冒出了一种叫橘橙的怪家伙，光名字就已经让人挠头，更不用说挑选了。不过，各种橙子的个性不同，价格差别也很大。

脐橙可以算是最亲民的一种橙子了。这种橙子出现时间并不长，1810 年至 1820 年间出现在巴西，1835 年被引种到美国，1870 年才开始大规模种植。这个叫华盛顿脐橙的橙子品种性能异常优异，迅速发扬光大，成为橙子中的主力军。今天我们吃到的众多优秀脐橙品种（纽荷尔、奉节脐橙、福本、伦晚）都是华盛顿脐橙的后代。

脐橙的主要特征就是果中套果，有点俄罗斯套娃的意思。不过小果子并没有长在大果子的中央，而是长在果子的顶端，让脐橙的外皮上有了一个"肚脐"一样的环纹凹陷区，脐橙因而得名。果中之果被称为"副果"，可以理解为在果子里面多长出了一个小果子。其实在辣椒和木瓜中，副果现象也时有发生，只是没有脐橙这么稳定罢了。顺便说一句，与主果相比，副果的甜度要高一些，只是口感上略干且纤维较粗，吃不吃全看个人喜好。

血橙因为果肉中带有深红色的条纹而得名。通常来说，橙子中的优势色素是胡萝卜素，所以我们看到橙子的颜色是橙黄色。血橙中不仅含有胡萝卜素，而且含有大量的花青素，这样就让果肉有了鲜红似血的条纹，甚至可以让整个橙子都变成红色。血橙于 15 世纪出现在西西里，很快就在意大利和西班牙广泛种植了。不过就个人而言，我并不喜欢这种橙子，猎奇尚可，要是专门吃就算了，因为它们的味道实在"抱歉"。

还有冰糖橙，是 20 世纪 60 年代从我国的普通甜橙中优选出来的品种。冰糖橙个头比脐橙要小，但是汁水丰富，甜度甚高。唯一不足的就是纤维较多，容易塞牙。喜欢吃冰糖橙的朋友基本上都会遇到一个烦心事，就是吃完这种甜蜜的果子之后，必须要剔牙。

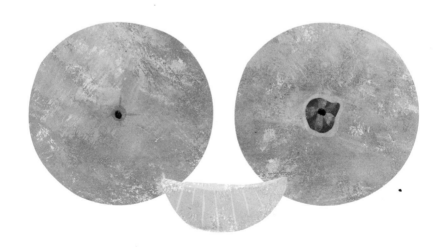

至于新兴的爱媛 38 号橘橙，已经不是一种橙子了。它是橘子和橙子多次杂交的结果，追根溯源，我们国家的温州蜜橘，美国的克里曼丁红橘都是它的祖先。这种水果简直就是橘子和橙子的完美结合：橘子皮的剥法，橙子的个头，关键是果肉就像一罐罐鲜榨果汁，轻轻咬开就能感觉到汁水奔涌而出。酸甜适度，果肉柔软，堪称完美。

　　时光如梭，我们家小女儿已经可以抱着甜美的橘橙自己啃了，她肯定无法理解橙子为什么会是酸的，这种口感很快就会变成回忆中的故事了。人类对甜蜜果实的追求不会停止，柑橘家的混乱状态仍然在继续。希望有一天我在给孙子孙女讲广柑的故事时，会有更惊艳的橙子出现在我们的唇齿之间。

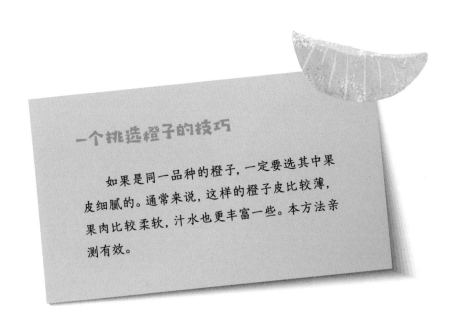

一个挑选橙子的技巧

　　如果是同一品种的橙子，一定要选其中果皮细腻的。通常来说，这样的橙子皮比较薄，果肉比较柔软，汁水也更丰富一些。本方法亲测有效。

枳、金柑、香橙

那些不好吃的柑橘

前面我们聊到了各种好吃的柑橘之间的混乱关系，但是我们也不应该抛弃那些柑橘属中尝起来不怎么好吃的伙伴。毕竟我们身边到处都是它们的身影：传说中的枳、盆栽的金柑，乃至冬日佳饮蜂蜜柚子茶。

不堪食用的枳

"橘生淮南则为橘，生于淮北则为枳。叶徒相似，其实味不同。所以然者何？水土异也。"这句晏子灵机一动想出来揶揄楚王的话，意指生活环境会对生物产生巨大的影响，大到都可以改变品性，不料经过演绎竟然成了一个植物学范例。至少，我在上大学的时候，还有老师将这句话作为环境影响植物的经典案例来分析。

但实际情况并非如此，枳（*Citrus trifoliata*）和橘（*C. reticulata*）是完全不同的两个种。在果树的相貌上，枳和橘就有明显的区别：枳树相对矮小一些，到了冬天就变成光杆；而橘相对更加高大，冬天仍然身披绿叶。如果走近一些观察，就会发现它们差别更大：枳的枝条上密布粗壮的刺，而橘没有这种防御机构；枳的复叶上一般都生有三片小叶，这与柑橘的单身复叶（看起来像一片分了两截叶子的复叶）有明显的不同。之所以将二者与淮河南北联系起来，可能只是因为枳树好冷凉而橘树喜温热，毕竟前者是标准的温带落叶树，而后者更适合亚热带常绿林里的生活。

枳的新鲜果子不堪食用，果肉少且酸、苦，一定要吃的话除非加入大量糖熬制成果酱，不过更多也只是取果皮的香味。但是枳树生命力顽强，耐病抗寒，个头还不高，所以是优良的柑橘砧木。让柑橘的枝干长在枳的树根上，最终就能得到好吃又抗病的"组合"橘树了。

枳和柑橘的亲缘关系比较远，甚至没有柑橘类典型的单身复叶，以至于在有些分类系统中甚至把它们从柑橘属中划分出去，组成单独的"枳属"（*Poncirus*）。不过这不影响它与柑橘发生一些亲密关系——枳橙（*C. ×insitorum*）便是其中的代表。虽然我们可能都没有见过它的果实，但是这种枳与酸橙（*C. ×aurantium*）的"爱情结晶"却是比枳树更加优秀的柑橘砧木，在我国大量使用，所以也算是给甜美的柑橘家族做出了不小的贡献吧。

宁可吃果皮的金柑

相对于枳来说，金柑（*C. japonica*，也叫金橘）与各种柑橘的关系更近。根据分子生物学的证据，金柑与柚的关系十分密切——虽然将微型柑橘与巨型柑橘扯在一起，直觉上会稍微有些出人意料。

金柑的植株和枳一样，通常都比较矮小，但仔细观察则会发现二者细节上差别巨大。显著的差别诸如金柑没有像枳那样粗大的硬刺；它的叶子与枳的复叶不同，呈现出与柚子类似的不明显的单身复叶；等等。

金柑的皮比瓤好吃得多，它们的瓤酸且干涩，反倒是皮中的汁水饱满得多，而且是甜的，皮上的挥发性物质更使其香气四溢——虽然可能不是所有人都喜欢。与食用相比，金柑更多被用作室内盆栽。过年过节时，用它们装点居室是个不错的选择，暗绿色的叶子搭配着累累硕果，看上去格外喜庆。而且除了漫长的果期，开花季节的金柑有着洁白芳香的花朵，也十分美丽。

如果哪天你一不小心咬开金柑的种子，发现里面是绿莹莹

的，千万不要惊慌。金柑本该如此，它们的子叶和胚芽都是绿色的，和多数柑橘不同。

因为亲缘关系更近，所以金柑可以与柑橘类进行更多的杂交。不过杂交的结果也多是观赏植物，例如金柑和宽皮橘的杂交后代四季橘（*C. ×microcarpa*），植株比金柑更大一些，果实也更大更红一些，形状更像柑橘，只是味道很酸，难以作为水果食用。此外，它还可以与来檬（*C. ×aurantiifolia*）杂交得到莱姆金柑（*Citrus floridana*），与枳橙杂交得到枳橙柑（*C. ×georgiana*），等等。据说枳橙柑在熟透了之后，还算可以入口。

你被香橙骗了吗

听见"香橙"二字，你有没有产生一种很香甜美味的感觉？你被骗了。

香橙（*C. ×junos*）和我们常吃的橙子并不是一类，它是宽皮橘和宜昌橙（*Citrus ichangensis*）的杂交后代。和枳一样，香橙树一般长成直立灌木或者小乔木，而且树枝上也密布粗长的刺。叶子的形态依然暴露了枳与香橙的不同，不过与金柑、柚子不明显的单身复叶结构不同，香橙的叶片有着与柚子叶片类似的单身复叶结构，翼叶非常明显。

香橙味酸且苦涩，生食难以入口，但是"香"救了它一命。香橙的果皮厚而粗糙，油点大，富有各种芳香成分，气味十分宜人；加之它们保质期长，因此早年常被僧尼采回寺里，用以供奉各路神明。我国古代文献里提到的产自长江两岸的橙、橙子、香橙，多是指本种，而非酸橙类的东西。

香橙在唐代传往日本、朝鲜之后，那边的"吃货"开发出各种食用它的方法。在日本和朝鲜，香橙都叫做"柚子（ユズ、유자）"，蜂蜜柚子茶、柚子醋等都是用香橙制作的。

香橙的"父亲"——宜昌橙的叶子十分有趣。宜昌橙的叶子也是典型的单身复叶，只是与大部分柑橘类的单身复叶不同，它的叶子下面那部分会显得更大一些，甚至远大于上面那部分，看起来像一个"8"。在整个柑橘家族中，只有箭叶橙（*C. hystrix*）具有类似的特征，不过箭叶橙的叶片边缘具有较为明显的锯齿，可以与叶缘光滑的宜昌橙区分开来。

HERB
香草

CHINESE PRICKLY ASH : PEPPER

花椒和胡椒

餐桌上的双椒争霸：两种文明的影子

　　人类的饮食在很大程度上并不只限于食材本身，调料和香料也是餐食的重要组成部分。正是调料的存在，让我们在餐桌上尝到了变化万千的滋味，这也是人类不同于动物的一大特征。

　　香料之中也有主次之分，有些调料天生就是不可或缺的，比如生姜，出场温和退场从容，无论是炒菜还是炖汤都能提供一种笼罩全局的神秘氛围；有些调料天生就是点睛之笔，比如孜然和香菜，只要它们一出场，食客舌尖就会有惊艳之感，只是这感觉来得快去得也快；而有的调料天生就是中军大将，比如胡椒和花椒——这些香料一出现在菜肴之中就锁定了味道的走向，黑胡椒烤鸡、黑椒牛柳、椒麻鸡莫不如此。

　　同样是餐桌上味觉的统治者，时至今日，花椒和胡椒在世界餐饮中的"领地"算得上泾渭分明：胡椒几乎成为西式餐点的必备调料，花椒在中式菜品中发号施令，被称为"中国味的脊梁"。

　　花椒和胡椒在烹饪中的使用为何有这么大差别？我们不妨靠近这两种香料，从东西方文化对香料的态度和使用规则中寻找一些答案。

从庙堂香料到"中国味的脊梁"

我对花椒最深的记忆并不是席卷大江南北的川菜，而是祖母烹制的小菜。说实话，祖母在炒菜方面的厨艺并不高明，从炒锅里出来的菜看基本上都是一个味道的。每每在厨房外闻到爆香的花椒气味，那一定是祖母在炒菜了。只是这样的菜品，闻着香，吃到嘴里却丝毫没有愉悦感。当花椒的香气散尽，豆腐青菜中剩下的就只有花椒的苦和麻了。

实际上，花椒最初进入中国人的生活，确实是通过我们的鼻子而非嘴巴。这种浓烈香气来自花椒果皮中大量的挥发油（柠檬烯、芳樟醇等），如果我们仔细观察花椒的果子，就会发现红色的果皮上有很多油亮的凸起，那就是储存挥发油的油点了。

我们的祖先很早就注意到了这种特殊的香气，并把它们应用到了祭祀礼仪之中。从先秦到魏晋南北朝，花椒一直都是祭祀天地和先祖的重要物品，也是墓葬中的殉葬品。在《楚辞》中就有这样的词句："椒，香物，所以降神。"《诗经·载芟》中也写道："有椒其馨，胡考之宁。"花椒浓烈的香气很早就被中国人发现并且崇敬了。

只不过，不同花椒的气味可能会有所差别。这是因为花椒实际上是芸香科花椒属植物的大集合，我们通常所说的花椒，至少包括了花椒、竹叶花椒、川陕花椒、青花椒和野花椒等5个物种，并且这些花椒的气味大不一样。就拿花椒和青花椒来说，花椒中富含柠檬烯和芳樟醇，所以更有柑橘的气息；青花椒中占主导地位的则是艾草脑，所以它们的味道更加清冽，偏向于胡椒。不管怎样，这些带着芳香气息的小果实以自己的香气进入了中国人的庙堂。

在**魏晋**之前，花椒的象征意义远大于实用价值。在这个阶段，除了偶尔尝试将它作为药物使用之外，花椒就是一个尽人皆知的吉祥物。比如，人们把花椒繁密的果实同"多子多福"联系在一起，其中最出名的就是赵飞燕的故事。传说，赵飞燕成为汉成帝的皇后之后一直都没有子嗣，她用尽各种办法求子，求助于花椒也是其中之一：赵飞燕居住的宫殿抹上了和着花椒的灰泥，但最终仍然未能如愿。

中国人开始食用花椒大概还是从药用和椒酒开始的。虽说花椒做成的椒酒在两汉时期就有了饮用记录，但是遗憾的是，这种风味一直都没能扩散开来。它真正进入餐桌已经是唐宋之后的事情了，其中一个很重要的原因就是，花椒被赋予了新的象征意义——李时珍在《本草纲目》中记载："椒，纯阳之物，乃手足太阳，右肾命门气分之药，其味辛而麻，其气温以热，禀南方之阳，受西方之阴。"这才是众人开始吃花椒的原因。在清代之后，花椒逐渐成为中国餐桌上的主要调料，特别是在川菜一派中发扬光大，最终与辣椒携手成就了横扫大江南北的麻辣口味。

细细品咂花椒进入我们餐桌的漫长历程就会发现，其实中国人对于香料的态度和认识，更多集中于其用处和象征意义上；至于是不是可以为菜肴提供特殊的口味，那倒在其次了。反观胡椒，则有截然不同的境遇，它们的高贵身份就是在餐桌上铸就的。

通吃东西方的"小葡萄"

早在公元前 2000 年之前，胡椒就已经是印度次大陆居民的调味料了。这种胡椒科胡椒属的植物在印度算得上是土生土长的香料。直到今天，各种印度美食中都少不了胡椒的味道，更不用说印度最具代表性的美食咖喱了。在古代，胡椒一度作为货币在印度次大陆流行，足见其珍贵。

与花椒类似的情况是，人们最早关注到的胡椒其实也不是一个单一的物种，而是包含了胡椒的近亲——荜拔。荜拔看起来像根小棍，味道与胡椒非常接近，干荜拔的辛辣味比胡椒更强烈。而辣椒的出现，让人们找到了更廉价、辣度更高的解决方案，荜拔就被放弃了。今天，胡椒仍然是西方餐桌上不可或缺的重要调料。我们在西餐的餐桌上总能看到两个瓶子，一个放盐，一个放胡椒，这种习俗已经流传了上千年。

胡椒很早的时候就扩散到了西方世界，在法老拉美西斯二世木乃伊的鼻孔中曾发现过黑胡椒子，而这位法老的葬礼是在公元前 1213 年举行的。遗憾的是，我们无从了解古埃及人是如何使用胡椒的，因为并没有任何留传下来的文字记录。

后来的罗马人已经对胡椒有了狂热的兴趣。在罗马时期，特别是在罗马征服埃及之后，一条运送胡椒的通道开启了——

从事胡椒贸易的船队每年都会从阿拉伯海起航前往印度，靠着季风的推动，船队可以顺利往返于印度和红海，返航的船队会停靠在红海的港口中，并通过陆路或运河将胡椒运抵尼罗河，再从尼罗河运到亚历山大港，最后装船运到罗马和意大利的其他地区。在1498年达·伽马发现好望角的航线之前，上述路线就是运送胡椒和其他香料植物的必经之路。

从罗马时期到中世纪，从中世纪到文艺复兴时期，胡椒都是西方世界重要的香料，甚至是身份的象征。罗马帝国建立起的香料之路上活跃着不同国家的商人，所有人都有着共同的目标——从东方获得香料，再输送到西方。

需要说明的是，整个地理大发现时代与寻找新的香料通路紧紧地捆绑在一起。先行者哥伦布在西班牙国王的资助下到达美洲，找到西印度群岛以及冒牌的胡椒；在这场竞赛中，葡萄牙人中了彩，达·伽马发现了绕非洲大陆而行的新航线，成为欧洲胡椒的供应商。但是好景不长，葡萄牙人无力控制如此重要的线路和胡椒生产地。在经历了葡萄牙、西班牙、英国的混战之后，最终还是英国控制了胡椒生产地和运输的主要航路。

在这个过程中，各国的航海技术，以及与航海相关的技术得到长足进步，从一定程度上来说，正是胡椒这种小小的香料促使技术发展，让世界以新的形态展现在世人面前。

花椒的麻和中餐的尴尬

与胡椒跌宕起伏的故事相比，花椒的身世要平淡许多。多年来，这种香料的发展更集中在中国人内部。我们关注花椒，更多是在于它的麻。这种麻味主要来自 α–山椒素。之所以会给我们带来麻味，是因为 α–山椒素可以与我们舌头上负责感觉的 TRPV1 受体结合，让舌头感觉到刺麻。有意思的是，辣椒素在我们舌头上也是通过与 TRPV1 受体结合而发挥作用的。如此看来，"麻辣一家"相得益彰倒是有几分道理。

西方人并不太接受花椒，根本原因还在于麻对人类来说并不是一种舒爽的感觉，那通常意味着有毒和伤害，比如吃了没有处理好的蕨菜会麻嘴，吃了含菠萝蛋白酶过多的菠萝会麻嘴。

菠萝蛋白酶还是温柔的，在欧洲分布的众多茄科植物，像莨菪、天仙子、颠茄等具有龙葵素的植物，导致人类中毒甚至死亡的案例屡见不鲜。当哥伦布等探险家从美洲带回各种茄科食物的时候，几乎没有人敢尝试，很大程度上是因为欧洲人被当地的茄科植物吓怕了。与此同时，麻当然成为一种不受欢迎的感觉，即便花椒有各种特殊的香气，也很难被接受了。还好，花椒除了让我们的舌头有刺激感外，倒是不太会干扰我们的身体运转。

至于胡椒，辣味主要来自其中的辣椒碱，同时，外果皮中的蒎烯、桧烯、苯烯、石竹烯与芳樟醇等萜类物质让胡椒具有了一种类似柠檬的特殊的香气。因而，胡椒更容易让人接受。虽然在欧洲胡椒也曾经被贴上各种药用标签，用于治疗头疼脑热甚至眼疾，但这些终究是插曲——胡椒的主舞台始终是在餐桌之上，这是毋庸置疑的。

未来的胡椒和花椒

对比胡椒和花椒的历史，不难看出，东西方饮食在对待香料这件事上有迥然不同的看法和使用方法。东方人看待香料更注重一些形而上的东西，比如香料代表的文化含义、精神价值……这在花椒的身上表露无遗。相对于祭祀神灵祖先，花椒入馔倒更像是一个附属的功能。另外，东方饮食中一直渗透着以节俭为美的传统，简单说就是有什么吃什么。如果过分追求滋味，反而会承受社会压力。另外，长期以来的重农轻商行为，也在很大程度上阻碍了香料作为商品流通的道路，与此同时，也在很大程度上阻碍了饮食的广泛交流。

反观西方的香料历史，就是一部建立在简单欲望基础上的历史。这里的欲望分为人类本身的欲望和渴求商业利润的欲望。从罗马时期的海上航线到地理大发现时代的资源争夺，从埃及法老的陵墓到餐桌上的胡椒瓶，展示的都是最本质的人类欲望。这种欲望投射到胡椒上，就带给我们完全不一样的香料世界。

随着世界村落化进程的加快，人类对香料的认识和应用势必会继续发生变化。比如花椒中的有效成分 α－山椒素，就目前的研究来看，这种物质对蛔虫有很好的毒杀作用。只是如今的卫生条件越来越好，蛔虫感染率已经越来越低，这种"化学武器"还有没有其他用武之地，值得考虑。

在将来，香料何去何从，又会有哪些特别的故事发生，我们拭目以待。

黑胡椒、白胡椒和绿胡椒有什么区别

市场上的黑胡椒、白胡椒和绿胡椒都源于胡椒的果实。在胡椒果实还没有完全成熟的时候采摘下来，通过烘烤晾晒，绿色的肉质果皮萎蔫变黑，这样得到的胡椒就是黑胡椒。将未成熟的果实浸泡在水中，让肉质果皮腐烂，经过清洗干燥就得到了白胡椒。至于绿胡椒，则是通过冻干或者真空干燥得到的胡椒果粒。

相对来说，黑胡椒因为保留了果肉（含有各种萜烯类化合物），比白胡椒的香气要更浓郁。

青花椒和藤椒有什么区别

市面上的青花椒主要有两种。一种是青花椒的果实，它们的特点是外表比较光滑，油点比较少，不像花椒的表面那么粗糙。刚刚成熟时它们的果实还带有红色，但是经过储藏之后，颜色会变成深绿色或者接近黑色。

另一种则是藤椒，这是竹叶花椒的一个变种。这类花椒果实形态与普通花椒近似，它们成熟时的颜色依然是绿色，当采摘储存之后，这些花椒的颜色会渐渐泛黄。通过这种颜色的变化，我们可以分辨出两种不同的青花椒。在实际的烹饪过程中，很少有人去区分两者味道的差别。

大蒜 GARLIC

别再把洋水仙当蒜薹了

在吃这件事上，人类总是会执着于自己的经验；而在执着于经验这件事上，有些人更是登峰造极。比如社会新闻中曾报道，有一位大妈把邻居家花园里的"蒜薹"（其实是洋水仙）给薅了，开开心心炒腊肉、炒鸡蛋，结果，一家人都吃到中毒，还要把邻居告上法庭……

不过回味这个新闻，总觉得哪里不对劲。如果这位大妈是经验丰富的主妇，好歹应该知道大蒜是什么味道的吧。难道，她已经可以在吃洋水仙炒腊肉的时候，自行脑补出大蒜那种特有的味道吗？

古老的调味料

通吃全人类的味道非常少见，除了番茄，大蒜应该算得上一味。在东西方的菜肴中，大蒜都有出色的表现。但是大蒜老家在哪里，一直是个谜：有人认为大蒜原产地是中亚细亚，有人认为原产地是埃及，还有人认为原产地是哈萨克斯坦。

不管怎样，人类与大蒜打交道的历史堪称悠久，至少有4000年以上。在埃及第一位法老那尔迈的陵墓中就发现了大蒜模样的泥塑，并且在另一位法老图坦卡蒙的墓穴里刨出了6头货真价实的大蒜。

人类怎样开始跟这种充满辛辣味道的植物发生关系，着实是个谜。比较靠谱的说法是，大蒜最初被当作药物使用，就像生姜、大葱等一众调料，都是通过这个路径进入人类餐桌的。

正是因为口感辛辣、气味特殊，大蒜打了一份特别的工——在法老的陵墓当保安，抵挡邪恶生物。也许西方人觉得鬼怪都

是有洁癖的，于是在中世纪时，大蒜又被用来对抗吸血鬼。

不管怎么样，大蒜跟随张骞在公元 113 年进入中国的时候，就是来当调料的。而且这个调料还十分尽职，什么黄焖鸡、烧鲶鱼对它来说都不在话下。很快，大蒜的种植遍及我国大江南北。

蒜瓣的辣味和蒜味

我们吃的大蒜实际上是大蒜的鳞茎。与洋葱的鳞叶结构不同，大蒜的鳞茎是由鳞芽、叶鞘和缩短的茎组成的。鳞芽就是我们喜欢吃的蒜瓣，这也是大蒜滋味最足的地方。作为大蒜营养繁殖的重要器官，这里储存了大量营养，特别是含有丰富的碳水化合物，所以烤熟的大蒜会有特有的鲜甜和软糯，这得益于其中的果糖和淀粉。

既然蒜瓣营养丰富，它肯定会被各种动物和微生物盯上。所以，大蒜装备了特有的防御武器——蒜氨酸。在和平时期，蒜氨酸是没有气味也没有味道的，只有在大蒜受到侵害的时候（比如被我们咬一口），它才会在蒜氨酸酶的作用下，分解成大蒜素——这是有强刺激性的化学物质。这个释放过程会一直持续到我们的消化道里，有些人吃大蒜感觉烧心，就是这个原因了。

还好，大蒜素并不是顽固分子，长时间处在高温环境下也会被分解。所以，我们在黄焖鸡之类美食的蒜瓣里完全尝不出蒜辣味，只有满满的甘甜。

黑蒜、独头蒜、金乡蒜是什么蒜

现在市面上出现了一些特别的大蒜，比如黑蒜、独头蒜、金乡蒜。这些都是什么蒜呢？

首先我们来说黑蒜，这东西在前一段时间着实火了一把。据说把它蒸熟了吃，可以防癌、抗衰老、降三高，简直就是太上老君葫芦里掉出来的仙丹。其实，这只不过是色素多一点的蒜瓣，从抗氧化的角度讲倒是还有点道理，至于其他神奇功效，还是省省吧。特别提示，因为色素丰富，黑蒜会有特殊的涩味，并不比一般大蒜的味道好。

与黑蒜同时身价暴涨的还有独头蒜。其实这就是发育不正常的蒜——你想啊，大蒜的鳞芽本来就是繁殖器官，如果不能分瓣，大蒜的繁衍能力岂不是大打折扣？通常来说，晚播种是独头蒜的最大成因，土壤贫瘠、基肥不足、干旱缺水、草荒严重、密度过大、叶数太少、鳞芽分化所需温度及光照条件得不到满足……都可以导致独头蒜产生。所以，别被所谓的独头蒜骗了。

至于金乡蒜，原先是指山东金乡这个地方出产的大蒜。但是后来金乡成为大蒜贸易的中心，贸易中心的蒜是从哪儿来的，那就不好说了。

蒜苗、蒜薹和蒜黄都是怎么长出来的

蒜苗其实是大蒜叶片组合而成的部位，在有些地方被称为青蒜。蒜苗有一些特殊的青草香气，所以作为肉类（特别是腊肉）的配菜再合适不过了。正宗兰州拉面中，也会放入蒜苗来提味。

如果在大蒜叶子的生长过程中全程不让其见光，因为没有叶绿素，大蒜的幼嫩叶子都是黄色的，这就是蒜黄。蒜黄最大的特点就是纤维很少，是用来包饺子、炒鸡蛋的好食材。

至于蒜薹，就是大蒜的花序轴。在蒜薹的尖端有个花苞模样的东西，那里面其实包裹了很多即将绽放的小花（洋水仙的花苞里通常只有寥寥数朵）。我们并不需要这些花朵，因为我们种蒜用蒜瓣，并不需要大蒜的种子。所以作为大蒜生产的副产品，蒜薹成为颇受欢迎的食材。它的好处是可以在冷库里长时间保存，是一种重要的冬储蔬菜。至于蒜薹储存时会蘸药水，这种情况是存在的，不过特克多之类的抗真菌药剂对人体几乎没什么影响（除非当水喝），所以大家也不用担心。

腊八将近，还不快泡蒜

　　传说中，腊八蒜要在腊月初八这天泡才行，否则蒜瓣就不会变成青绿色。个中缘由是，大蒜中的蒜氨酸可以转化成青绿色的色素，但是大蒜必须经历一个低温过程，变色程序才能开启。所以，夏天泡的蒜，再怎么等待也不会变色。想来如果把新鲜大蒜放在冰箱里冷藏一下，应该也能做成腊八蒜吧。

　　其实，泡腊八蒜不过是个处理剩余大蒜的方法罢了。因为在腊月初八的时候，大蒜的芽早就耐不住寂寞开始萌动，如果不及时处理，就只能吃蒜苗了。习俗中腊月初八这天要泡腊八蒜，想来最初的目的并非取其美味，而是多留住一些肥嫩的蒜瓣，虽然是醋味十足的。

　　祝大家吃蒜愉快，千万不要啃洋水仙。

青橄榄、黑橄榄

谁是餐桌橄榄真身

　　不知从什么时候开始，吃橄榄成为餐桌上的一种时尚：早餐沙拉里的盐水橄榄，午餐比萨上的黑橄榄，晚餐拌在意面里的橄榄油……好像吃着橄榄，身体就会变得健康有活力。相较之下，那些用猪油炒的青菜灰头土脸地蜷缩在角落之中。

　　西方来的橄榄油真有如此大的优势吗？中国传统的橄榄为什么没有用于榨油呢？其实道理很简单：橄榄和橄榄是不一样的。

中国也有"橄榄油"

今天，我们在超市和餐馆碰到的橄榄，其实是被称为木犀榄（*Olea europaea*）或者油橄榄的植物，它们跟中国原生的橄榄一点关系都没有。联合国旗帜上的橄榄枝就是木犀榄的枝条，它是和平的象征。

如果论关系的话，木犀榄倒是与我们传统的甜点花卉桂花沾亲带故，它们都是木犀科的成员。木犀榄的叶片和枝条上都有灰色鳞片，所以在远处看有些毛茸茸的感觉，这种长相其实与它们的原产地有关系。

传统观点认为，木犀榄原产于小亚细亚，后来广泛在地中海区域栽培。新的化石证据显示，木犀榄有可能起源于意大利和地中海东部区域，2000 万到 4000 万年前，它们就生活在这里了。在 7000 年前，地中海区域的居民开始栽培木犀榄，栽培的初衷是获取食用油料——油的英文单词"oil"就被认为来自橄榄的名称，所以在中文中，木犀榄也被叫作油橄榄。

地中海区域的环境十分适合木犀榄生活，它叶片上的鳞片也是为了对付夏天的烈日和冬天的湿冷而准备的。与我们所处的东亚区域雨热同季的气候不同，地中海区域夏季少雨干热，冬季多雨湿冷，俨然另外一个世界。所以，世界上种植木犀榄的主要区域就是地中海区域，以及与其气候相近的区域。

中国其实也引种了不少木犀榄，陕西和四川是主要的栽培区域，虽然结果量在有效管理条件下有所提高，但是日照时间较短，湿度过大，成为限制产量提升的瓶颈。

绿橄榄和黑橄榄

我曾经与人聊过中国的橄榄，那种橄榄科橄榄属、充满苦涩风味的果子，糖渍之后就会变成超市货架上的橄榄蜜饯。所以，很多朋友在第一次吃到西餐中的橄榄时，第一反应很可能是这些橄榄是不是坏了？

在成熟的过程中，油橄榄果实颜色会发生变化。随着成熟度增高，果子会从青绿色转变为紫色，那是叶绿素、类胡萝卜素和花青素的博弈。但是，不管是青橄榄还是黑橄榄，都含有大量苯乙醇苷类物质，让果实变得苦涩不堪。虽然腌制和增加其他香料可以改善油橄榄的口味，但是仍然不会使它变得顺滑好吃。我一直觉得，在调料中，油橄榄和刺山柑花蕾是并驾齐驱的"异类"。

还好油橄榄并不以真身占领餐桌，90% 的油橄榄果实都用来榨油了，就是我们熟悉的橄榄油。

橄榄油，特级、初榨都是什么意思

问题来了：为什么橄榄油只有绿色和黄色的状态，没有蓝黑色的状态呢?

这是色素的问题。油橄榄果子中的花青素是水溶性的，它们无法掺和到油脂中去，也就不会把橄榄油变成蓝紫色。至于溶解在油脂中的叶绿素和胡萝卜素，一个是绿色，一个是橙色，随着二者比例的变化，就造成不同橄榄油的不同颜色了。

中国人接触比较多的橄榄产品，其实就是橄榄油。在超市里摆放的橄榄油，俨然油料中的贵族。各种造型独特的小包装，表明了它们的特殊身份。当然，橄榄油也分三六九等，有的是特级，有的是初榨，有的是橄榄调和油，这些称呼之间又有什么区别呢?

实际上，国际橄榄油协会制定的主要等级分为特级初榨、初榨、纯橄榄油、橄榄渣油。橄榄调和油并不在此列。

所谓的特级初榨，就是说这些橄榄油是从成熟的橄榄果子中硬挤出来的第一批液体。有的时候可能在榨取的地方多安装点空调，那就是低温特级初榨。

初榨橄榄油虽然名为初榨，但是并不是第一次压榨的结果，而是在压力更高的机器里继续挤压，这样得到的橄榄油还凑合，只是酸度开始高了。

在初榨橄榄油之后，油橄榄还要进行第三次压榨，但是这样压榨出来的橄榄油已经不适合食用，只能通过精炼，再提纯油脂。这些油脂被称为纯橄榄油，所谓的"纯"其实就是提纯的意思。这样得到的纯橄榄油，没什么橄榄的味道也是理所当然了。

但是，橄榄渣还没有结束它们的旅程——经过三轮压榨之后，橄榄果子已经完全压不出油了。别急，聪明的人类还会用化学溶剂去这些渣渣里面萃取，就像沙里淘金一样。经过精炼，就得到了橄榄渣油。听这名字显然不适合食用。在很多国家，这种油是不允许加入食品里的。

但在有些地方确实存在一个做法，那就是将精炼之后的橄榄渣油与初榨的橄榄油混合进行食用，叫作混合油橄榄果渣油。虽然听起来像是动物脂肪榨油后的油渣，但是两者却是截然不同的。

挑选橄榄油的时候一定要悠着点，不要被各种名字骗了。

最后说一下，好的橄榄油真的有丰富的果香味，润滑如丝。如果有明显的辛辣味，那显然就不是好的橄榄油。另外，橄榄油虽然富含不饱和脂肪酸，但不是灵丹妙药，千万不要指望在大鱼大肉之后喝上一杯橄榄油就能获得健康，那样做只会适得其反，让热量猛增。

姜 GINGER

炖肉还是做甜点

中国人对调料的使用绝对是自成一派，比如说，肉桂在西方是做甜品的，我们是炖肉的；薄荷在西方是做甜品的，我们是炖肉的；肉豆蔻在西方是做甜品的，我们是炖肉的……当然了，还有一种更过分的调料，在西方几乎只出现在甜品中，而我们仍然用来炖肉，并且还开发了一些匪夷所思的用法——这种调料就是姜。

生姜是个外来户

虽然大多数中国菜，特别是荤菜里面都少不了生姜，但生姜确实是一个外来户。姜是姜科姜属的植物，它们的原产地是东南亚的热带雨林。有人说，生姜之所以叫姜，是因为神农姓姜，这个说法绝对是无厘头的。

生姜的古字是"薑"，其实是个描述生姜形态的字——草字头代表地面上的芦苇一样的茎叶，而下面的"两田三横"更像土壤中的根状茎，跟什么姓氏完全没有关系。

整个姜科姜属的植物有 80 多种，其中有 14 种分布在我国，其余的分布在近邻的亚洲热带和亚热带地区。这些植物中，毫无疑问，名气最大的当数生姜，这种有独特辛辣味的植物为我们的餐桌带来了不一样的味道。

不可缺少的姜味

姜中的化学物质是姜辣素，这是姜酚、姜酮、姜烯酚这一类化学物质的统称，生姜的风味正源于此。它们虽然性格不太一样，但是共同特点就是辣。姜辣素是 1879 年时才被分离提取出来的，在随后的几十年里，科学家逐渐认清了这个家族每个种类的身份，目前分离确定的姜酚类物质有十多种。因为姜辣素非常稳定，沸点高达 240℃，所以无论怎么煮，姜都是辣的，跟大蒜完全不一样。

东西方厨师对这种辣味物质的使用方法十分不同。

孔子说"不撤姜食",大致的意思就是每顿饭都要有姜相伴。孔子为什么要这么做?有人说那是孔子的零食,有人说是为了看书前提神,有人说是为了治疗老胃病,还有人说那不过是孔子喜好姜的味道罢了。从古至今,姜一直是中国菜肴的核心调料,甚至有"菜中之祖"的名号。

虽然中华餐桌上也有腌姜、泡姜这些小吃咸菜,但是与鸡鸭鱼肉同处一盘通常才是姜的最终归宿。姜就像一位将军,统帅着中华荤食的味道,这要归功于生姜中的香气成分。在炒菜下锅之前,先用油来煸炒姜片,让香味溢出,那些香气成分主要是些萜类物质。

但是在西方的烹饪世界里,姜似乎走上了完全不同的道路。在那里,它们混入甜品之中,成为姜饼、姜糖、姜汁啤酒的重要组成部分,从将军一下子变成了参谋军官。这大概是因为在公元10世纪姜去欧洲闯荡的时候,欧洲的荤菜调料瓶已经被胡椒、罗勒、鼠尾草等香料占领了,于是姜只能在甜品屋里找了个清闲的工作。

姜辣素有扩张血管的作用，同时可以加强心肌收缩，促进血液的循环。从这个角度来讲，生姜确实能够帮助我们从风雨之后的冰冷中缓过劲来。所以在淋雨之后来碗热姜汤，是非常畅快的事情。

晚上吃姜有可能引发一些燥热之类的不适症状，但只要不是拼命吃，就不会有太大影响。所以大家可以放心吃，完全没有关系。

除了吃姜的时间，大家可能更关心的是一些特殊状态的生姜，比如说发芽的和发霉的。

发芽的可吃，发霉的不可吃

首先，发芽的生姜毫无疑问是可以吃的，因为我们本身吃的就是生姜的根状茎，而新长出的也是根状茎，它们之间是连接相通的，如果芽有毒的话，那老姜也跑不了。一个有趣的现象是，在生姜生长过程中，老姜的重量会不降反升。这跟土豆完全不同，土豆的种薯种到土里就完全腐烂，变成新土豆的肥料了。

至于发霉的生姜就要小心了，俗话说"烂姜不烂味"，有些人就会觉得吃起来不受影响。但是，这种做法很危险。姜在腐烂的过程中会产生一种叫黄樟素的化学物质，实验显示，这种物质跟肝癌的发生有很密切的关系，所以已经腐烂的生姜还是扔掉吧。

姜的兄弟们

生姜还有很多兄弟奋战在餐饮界，比如沙姜就是广西和广东一带的绝对霸主，白切鸡少不了这种调料。沙姜其实是姜科山柰属植物的根状茎，它们比生姜要干硬许多。做红烧调料才是沙姜的本分，但新鲜的沙姜也可以用于凉拌菜中，比如凉拌沙姜猪手，就是在煮好切块的猪蹄中加入新鲜沙姜拌制而成。

如果说沙姜不是大家熟悉的，那姜黄（*Curcuma longa*）就常见多了。物如其名，它的黄色已经成为咖喱中的代表色。这是一种姜科姜黄属的植物，除了特别的黄色素，还可以提供特别的辛香味。可以说，正是姜黄让我们认识和定义了咖喱。另外，作为一种色素，姜黄非常安全，经过动物实验，姜黄被定级为无需限定量添加的食用色素。

阳荷（也叫蘘荷）的果子，红色的是果皮，鱼眼睛一样的圆球是有白色假种皮的种子。它们的嫩芽是好菜，与肉片同炒是非常好的搭配。

才华与颜值并重

毫不夸张地说，姜科植物的存在，让我们的餐桌有了多变而丰富的滋味。但你知道吗？姜家族给我们贡献的不止味道，还有美丽的花朵。

姜科植物的花朵有着一个硕大的、像凤凰尾巴的唇瓣，还有一根高高伸展的、像是孔雀脖颈的花蕊，"孔雀"的翅膀并不是花瓣，是变成花瓣模样的退化雄蕊——这样的花朵成为姜花属植物特有的身份标志，小孔雀一样的花朵在花园里分外特别。

当然了，姜花的特点还不仅仅在于花朵的美，更在于花朵的香。不同姜花属植物的香味有所区别。为了搞清楚到底是什么香气物质能吸引人类的注意，科研人员分析了常见的姜花属植物的芳香花朵，分析显示，白姜花的香气物质最多，金姜花次之，而黄姜花只比红姜花多一点点。

除了姜花家族的成员，还有很多观花的姜科植物活跃在我们身边，花叶良姜（*Alpinia zerumbet 'Variegata'*，花叶艳山姜）就是其中之一。虽然没有黄姜花那样诱人的香气，但是花叶良姜的花朵颇显精致，在含苞待放之时，就像是一个个乳白色的精巧蛋壳。等到花朵绽放，唇瓣上淡黄淡红混杂的条纹，让花朵显得更为可爱。

我们平常都习惯用生姜当调料，但是很少有人见过生姜的花。其实生姜也是会开花的，虽然它们的花朵并不像黄姜花那样引人注目，却别有一番情致：一个像幼嫩松果的绿色花序上，会冒出一朵朵紫红色的花朵。不妨试试在家里种一块生姜，看看能不能开花。

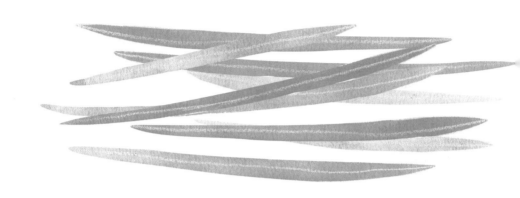

韭菜 LEEK
春天的至味

　　春天的味道是什么样的？每个人都有自己的喜好，有人爱清淡的荠菜，有人爱重口的香椿，但是几乎所有的中国人都不会抗拒一种菜——韭菜。

　　春雨之后，肥嫩的韭菜叶子在疯长，采来嫩韭菜，细细切碎，拌上炒好的鸡蛋碎，包成饺子，简直是春天的至味。

　　大家吃韭菜是馋那一口好味道，但韭菜身上围绕的谣言也不少：有人说韭菜有特别的营养，最适合男性吃；还有朋友问，听说韭菜上农药多，能放心吃吗？

重口味韭菜有传统

中国人吃韭菜的历史很长，在 2000 多年前的《诗经》中就有"四之日其蚤，献羔祭韭"的诗句，当时的人在祭祀时就已经用韭菜做祭品了。到了汉代，官府开始利用暖房在冬季生产韭菜，皇家贵族冬天里也能吃到新鲜的韭菜。

韭菜受到喜爱跟它们的气味密不可分，这些气味其实是对付食草动物的化学武器。韭菜的化学武器就是其中的含硫化合物（它们的名字很复杂，比如二甲基二硫醚和丙烯基二硫醚，深入学习化学之后会更清楚地知道它们为什么是这种味道）。韭菜有那种特殊的辛辣香味就是因为它们的存在。

很多人都会避免吃韭菜，因为吃过韭菜后残留在口腔中的气味着实让人不好意思。要想去除这个味道，最有效的方法就是刷牙；如果没有这个条件，那嚼点茶叶、喝点牛奶都是有效的。

韭菜有什么特殊营养？

其实，韭菜的营养成分中规中矩。

韭菜的维生素 C 含量（24 毫克 /100 克）比不上大白菜（47 毫克 /100 克）；每 100 克韭菜含锌量只有 0.43 毫克左右，不但比不上很多海产品，连香菇（8.6 毫克 /100 克）也比不上。唯独值得称道的是，韭菜中含有大量的纤维素（注意，并不是膳食纤维），对于促进肠道蠕动还是大有裨益的。

那么，韭菜对男性有什么神奇的作用吗？民间流传的说法

从何而来？在《本草纲目》中，韭菜的功效是"生汁主上气，喘息欲绝，解肉脯毒。煮汁饮，能止消咳盗汗。韭籽补肝及命门，治小便频数，遗尿"；《本草拾遗》中有韭菜"温中，下气，补虚，调和腑脏，令人能食"的记载。从营养成分上分析，韭菜拥有的营养素在其他食物里一样也有，目前也没有研究能够确切证实它有什么特殊功效。

好好享受它的好味道，这才是吃韭菜的正确方式。

韭菜有没有用药

有一种说法是，现在的漂亮韭菜都是因为用了药，吃了可能会中毒。韭菜在生产过程中确实有可能使用一些药剂，因为韭菜很容易感染真菌，产生烂根等症状，所以有可能施用波尔多液来对抗真菌。这是一种由硫酸铜配制而成的药剂，一般来说，大多数真菌对铜离子很敏感。农药波尔多液中，硫酸铜的浓度是1%，经过清洗之后，不会有太多的残留。

至于用硫酸铜来泡韭菜护色，这并不

是一件简单的事。制作标本时的通用程序是将标本放入 5% 浓度的福尔马林和 5% 浓度的硫酸铜的混合液中，放置 1～5 天。且不说这样泡出来的韭菜早就不新鲜了，农户也犯不着做这么复杂的处理。

小小韭菜，谣言不少，开心吃吃就好。

韭黄是怎么种出来的

韭黄的柔嫩绝非韭菜可以比拟。有人说把韭菜放在黑暗的地方就会变成韭黄，如果照此法行事，得到的就是一团烂韭菜。实际上，韭黄是韭菜在隔绝光的条件下生长出来的嫩叶。韭菜的根中可以储备养分，所以可以暂时脱离光照，长出黄色的韭黄。

辣椒 PEPPER

明明是维 C 王者，却被扣了个"上火"的大帽子

如果我们非要在菜市场找出一种国际化的调料的话，那非辣椒莫属了——从泰式的冬阴功到墨西哥的卷饼，从法式大餐中的沙拉到川菜师傅的秘制酱料，哪一样能缺得了辣椒？

但是，对辣椒的评价并不一定都是正面的。我相信大家一定都听妈妈语重心长地说过，可不能吃太辣，辣椒吃多了会上火，会伤胃。每到这时，辣椒心里肯定是这样想的："咱俩没仇吧，这个'锅'我不背，我！不！背！"

秦椒、海椒和番椒，通通都是"南美椒"

中国人吃上辣椒不过是最近 300 多年的事情，但是这种调料已经完全征服了我们的餐桌。

如今，辣椒已经是中国人习以为常的调料，连广东人都开始热衷于吃水煮鱼了，更不用说那些不怕辣、辣不怕和怕不辣的湖南、四川、云南人。辣椒在各地有海椒、番椒之类的名称，说明这种东西是舶来品。

有人说中国人吃辣椒的历史长达数千年，甚至有人说辣椒原产地就在中国，这真是让辣椒家族笑掉大牙。中国人尝到辣椒是 17 世纪之后的事情，数千年前，人家还在美洲享受加勒比海上吹来的海风呢。

辣椒进入旧大陆是一件戏剧化的事情。当初欧洲人痴迷于亚洲的胡椒，无奈贸易路线被波斯商人垄断，所以迫切想找到一个能便宜买胡椒的地方。于是哥伦布从西班牙国王那里拿到资助的一些船和钱，就开始出发找胡椒了。结果，正版胡椒没找到，倒是找到了更为辛辣的调料——辣椒。英语中，"pepper"一词同时表示辣椒和胡椒，就与哥伦布的这个行为有关，我们今天吃到的辣椒都是"南美椒"。

中国辣椒与中国八竿子也打不着

中国辣椒并不原产于中国，这个名字来自一位喜欢吃中餐的德国植物学家。

说起来，在辣椒分类中，还真有一个物种叫中国辣椒（*Capsicum chinense*）。它们还有一个名字就是黄灯笼椒（海南特色辣椒酱就是以这种辣椒为原料的）。但是这种辣椒既不是产于中国，也不是正版的灯笼椒。

真正的灯笼椒在分类学上就是指我们熟悉的甜椒（也叫柿子椒）了。那中国辣椒这个名字从何而来呢？1776 年，德国植物学家尼古拉斯·约瑟·冯·雅昆（Nikolaus Joseph von Jacquin）给这种辣椒起了这样一个有误导嫌疑的名字。因为这位植物学家经常在中餐馆用餐，见到厨子大量使用这种辣椒，所以给了它们这个名字。后来将错就错，就一直使用到了今天。

需要特别指出的是，目前世界上最辣的辣椒断魂椒（魔鬼椒）就是中国辣椒的后裔。

不完全选辣椒指南

从微辣到变态辣，不同辣度的辣椒各有所长，一定要细心选择。

选择辣椒时有些通用的技巧，比如小个头的通常比大个头的辣，皱缩感强的通常比硬挺挺的辣，有强烈气味的通常比青草味的辣……这些特征与品种有着非常直接的关系。

我想很多朋友小时候第一次接触的辣椒，一定是甜甜的灯笼椒，或者叫柿子椒。这样的辣椒只有甜味，没有辣味，深得小朋友的欢心。在夏天的辣椒生产旺季，柿子椒是最常见的蔬菜之一，这些拥有红、黄、绿漂亮色彩和水果口味的辣椒军团已经成为沙拉中的固定成员。在甜椒中经常会出现一种"怀孕"的现象——就是剥开大的甜椒之后，会发现里面有一个缩小版的甜椒。这个时候不用担心，放心吃就好。

　　在稍稍能接受辣味之后，普通的青椒就成了进阶的首选。不管是甜椒还是青椒，它们都属于一年生辣椒家族，是世界上产量最大的辣椒物种。一年生辣椒家族的特点就是每年都得播种，并且外形和色彩千变万化：牛角状的青椒、指头状的尖椒、铃铛模样的柿子椒、五彩缤纷的彩椒……

　　逐渐地，青椒已经不能满足大家对热辣刺激的渴望时，以小米辣为代表的灌木状辣椒（*Capsicum frutescens*）就登上舞台了。灌木状辣椒因可以多年生，茎秆发生木质化而得名。与一年生辣椒最大的区别是，灌木状辣椒的节上会开出数朵花，并且果实都是朝天直立生长的。中国出名的超辣辣椒都来自灌木状辣椒，比如我们熟悉的小米辣。另外，在云南还有一种魔鬼涮涮辣，也来自这个种。

辣椒的冤屈总是洗不掉

伤胃、起痘都不是辣椒的错，补充维生素 C 才是人家的独门秘籍。

辣椒中能让舌尖燃烧起来的辣味物质就是辣椒素，化学名称为反式 –8– 甲基 –N– 香草基 –6– 壬烯酰胺。对于辣椒来说，这种物质一来可以防止动物啃食，二来可以防御真菌感染。

适量的辣椒素可以抑制胃酸分泌（突然想到，这大概是我这个胃酸分泌过多的人嗜辣的原因吧）。同时，辣椒素还能促进胃部蠕动和血液流动，促进胃部黏液的分泌，修复损伤的胃黏膜。并且在一定程度上可以减轻酒精造成的胃部损伤。如此看来，一向被视为"肠胃杀手"的辣椒，倒是一副好胃药。

辣椒中的主要成分——辣椒素可以让血液里的蛋白激酶 A 和一氧化氮合酶磷酸化水平显著升高，同时伴有血浆一氧化氮代谢物浓度增加（这种作用跟很多降压药的原理是一样的，不过更为温和）。结果会促使血管扩张，使血压降低。

更重要的是，辣椒的维生素 C 含量高达 146 毫克 /100 克，这已经是柠檬的三倍多了。

下次再见到辣椒的时候，千万不要再纠结它们的上火问题了。

罗勒 BASIL

不管是意大利比萨还是河南烩面，都是好搭档

  环境对事物具有很大的塑造作用，同卵双生双胞胎兄弟放在不同的环境中长大，做事风格可能大相径庭。同样地，如果把一种香草放在不同的饮食文化中，结局也可能是完全不同的。很多香草的职责都随着环境而变，比方说，肉桂在中国就是炖肉料，在西方却跑去跟各种甜品、咖啡"勾肩搭背"。

  但要论及多面手，就不能不说罗勒。这种香草既可以出现在经典的意大利比萨里，也可以出现在美味的越南河粉之中，当然更可以出现在各种香草茶的配方里。更好玩的是，我国河南竟然也有吃罗勒的习惯，只是大家并不知道自己吃的是罗勒而已。

  但是，罗勒的味道并不像薄荷那样容易让人接受。我第一次吃到罗勒，有一种立刻把这些叶子吐出来的冲动。因为这些看起来像是薄荷的叶子，却有着满满的八角、茴香的甜腻味道。这种味道从何而来呢？

意大利的罗勒和河南的荆芥

罗勒的外形一如薄荷，这是因为它们俩是唇形科的兄弟。罗勒属里有 100 ~ 150 个物种，它们的共同特征就是有一种八角、茴香的气味。罗勒家族成员众多，但是并没有像薄荷家族那样乱成一锅粥。虽然灰罗勒、丁香罗勒、柠檬罗勒等香草都可以冲上餐桌，但它们还是臣服于家族中一个挑大梁的"家主"——罗勒，或者叫甜罗勒（sweet basil）。

罗勒的老家在印度，随着人类的活动被带到了世界各地。今天罗勒的分布区域已经变得很广，从赤道一直向北，跨越北回归线，经过广阔的亚热带区域，直到进入暖温带，都属于罗勒的势力范围。河南烩面里面添加的荆芥，傣味牛肉里的香叶，冬阴功汤中的九层塔其实都是罗勒。

这里面不得不提的就是"河南荆芥"。这种香草通常出现在河南烩面之中，在当地一直有"荆芥"之称。但是真正的荆芥叶片是三角形的，上面有浓密的短绒毛，并不像罗勒那样有卵圆形且光滑的叶子。再者，真荆芥有浓重的中药味，这并不是"河南荆芥"的味道——这不过是一个正式中文名和俗名之间的误会而已。

药草、配菜和象征物

人类食用和栽培罗勒的历史非常长，早在 5000 年前，印度人就开始食用和栽培罗勒。在公元前 4 世纪的古希腊的药草书《植物志》中，泰奥弗拉斯托斯就记录了有关罗勒的信息。在当时罗勒就已经是古希腊的重要药草，用于治疗各种肠胃不适。

罗勒在从印度传入中国之后（"罗勒"即为印度梵语的音译），一直被认为是可以帮助消化并且有解毒功能的药草。《本草纲目》中记载，罗勒性温味辛，具有疏风行气、化湿消食、活血和解毒的功能。

除了作为药物和食物，在世界各地罗勒都有很重要的象征意义。希腊人相信，这种带有特殊芬芳的香草犹如明灯一般，可以照亮逝者安息的道路。在欧洲，罗勒会被放在逝者手中；而在印度，罗勒会被放在逝者嘴巴之内。

不同罗勒不同味道

作为一种香料，多样化的分布区域让罗勒呈现出不同的气味："河南荆芥"多少有点薄荷的味道，九层塔却更有柠檬香气。罗勒的气味从哪儿来？

罗勒的特殊味道主要来自龙蒿脑、丁香酚、芳樟醇、肉桂酸甲酯和樟脑等化学物质，正是这些物质的组合让罗勒拥有了那种类似八角、茴香的味道。至于各种附加的气味，就看不同产地的罗勒的特有成分了，比如"河南荆芥"的薄荷气味来自薄荷酮和薄荷醇，九层塔的柠檬气味来自柠檬烯……这样的差别让罗勒成为一个变化多端的餐桌多面手，配海鲜，配牛排，配奶酪，无往不利。

经典的意大利比萨就只要放罗勒、番茄和奶酪三种配料。在越南河粉当中，罗勒的八角、茴香味道恰恰与牛肉的味道十分相配。不得不说，这些都是历代厨师实践的结果。

不同形态的罗勒有不同用途，比如罗勒叶片干燥磨粉后可以当调味粉来使用；把罗勒的茎叶浸泡在酒精之中做成酊剂调味品，可以用在酒精饮料和其他调味品当中。

多面手罗勒

作为传统药物的罗勒通常用于应对消化道的相关症状。就目前的研究而言，罗勒及其主要成分有抑制多种革兰氏阳性菌和革兰氏阴性菌的作用。罗勒的水提物对大肠杆菌、金色葡萄球菌及克雷伯杆菌有抑制作用，而罗勒的醇提物对霍乱弧菌有很好的抑制作用。

至于抗血栓、抗氧化、抗癌的作用，姑且听之就好。因为就目前的实验证据来看，罗勒并没有如此神效。

说到底，罗勒的好处就是能增进人的食欲，带来更丰富的味觉享受，这已经是颇为难得的事情，就不要强求它们为人类做更多了。

奇异的罗勒家族

灰罗勒是罗勒的兄弟，虽然两者的模样非常相近，但是灰罗勒的个头要小很多，特别是叶片要比罗勒小。此外，灰罗勒的叶片背面是灰绿色的，而罗勒是翠绿色。灰罗勒的味道比较大，所以很少用于烹调，倒是经常以药草的身份出现在各种治疗皮肤病的传统方剂当中。

柠檬罗勒是罗勒和灰罗勒爱情的结晶，这种杂交形成的罗勒品种在东南亚一带非常盛行。与罗勒相比，柠檬罗勒的植株比较纤细，因为所含的柠檬烯较多，所以有一种特殊的柠檬香气，更适合出现在热带菜肴之中，是打开食客胃口的金钥匙。在印

尼菜中，柠檬罗勒的地位比它的长辈罗勒还要高，无论做汤、配烤肉还是配炸串，大厨使用的都是柠檬罗勒。在泰国菜中，厨师也会使用柠檬罗勒，只是使用范围没有在印尼菜中那么广泛罢了。

丁香罗勒因为富含丁香酚而得名。这种罗勒并不像普通罗勒那么柔弱，而是长成了小灌木的样子，个头可以高达1米，算得上罗勒家族中的巨人了。这种罗勒的气味极似丁香，所以丁香罗勒的提取物经常出现在香水和相关化妆品的配方之中，在餐桌上露脸的机会要少一些。毕竟丁香花的芬芳更适合让鼻子享受，入口就稍稍有些诡异了。

罗勒就是如此，虽然名头在薄荷之下，但是多样性和用途都更广。也许人类也是如此，默默无闻的多面手才是撑起社会的中坚力量。

鼠尾草 SAGE

包办花坛和餐盘的神奇家族

在我的童年记忆里，有一种植物的形象分外清晰，不仅仅是因为它们特别的外表，更重要的是它们能与小朋友进行亲密互动。从一串红艳艳的、挂满"炮仗"的花枝上，摘下一朵小花，轻轻吮吸花朵的末端，就会有甜甜的蜜露在嘴巴里扩散开来。这种植物的名字就是一串红。后来我才知道，一串红来自一个非常特别的家族——鼠尾草家族。

很多年后，我对鼠尾草的认识又有了新变化：这东西竟然可以成为入口的调料。鼠尾草浓烈的气味与各种肉类搭配会有一种近乎完美的平衡，在浓香的脂肪和劲道的肉纤维中忽然钻出的一种药草的香气，犹如画龙点睛，让德国香肠和烤肉的味道有了别样的深度。

其实鼠尾草的神秘之处远不止于此，百变的鼠尾草家族就生活在我们身边。不光是花坛和餐桌，就连药铺和研究生命演化的实验室中都有鼠尾草家族的一席之地。

植物界的大家族

在植物世界中，鼠尾草家族绝对算得上一号人物。先不说全世界的鼠尾草加起来有近千种，单单是分布区就足以让人震撼，我们可以在欧亚大陆、北美洲和南美洲的各个角落看到这个家族的成员。除了唇形科家族的四棱茎秆、对生叶片这些共有特征之外，鼠尾草家族还有自己的花朵特点，那就是嘴唇一般的开口，长长的花冠管，藏在花朵里面的雄蕊，以及在开花末期才从花瓣中吐出来的柱头。

不同鼠尾草也有自己特别的地方，有的是趴在森林中的纤细小草，有的是站在草坡之上的高大灌木。鼠尾草家族有三个集中分布区，分别是中南美洲区域，中亚和地中海区域，以及东亚区域。中国总共有 78 种鼠尾草，只不过这些种类都没有因为自己的外貌成为花园里的宠儿，倒是一些外来的朋友成了中国庭院景观的中流砥柱。

一串红领衔庭院里的鼠尾草

在北方，一串红（*Salvia splendens*）通常被简称为串红，细长的花冠看起来就像鞭炮，所以也有"爆竹红"的别名。从每年的夏至开始，一串红就会大量出没于乡村庭院和城市公园之中，颇有一些乡土气息。但是这些植物并非本土植物，而是从巴西远道而来。湿热环境是它们的最爱，所以也就成了夏日里的当家花朵。一串红的花蜜很多，多到可以明显感觉到蜜液流进嘴里，所以成为很多"70后"和"80后"朋友记忆中的甜蜜源头。

比起一串红，朱唇（*Salvia coccinea*）就要内敛很多。虽然也有红色的花冠，但是朱唇的花瓣更加圆润，正合朱唇轻启的感觉。花序上的花朵也要稀疏一些，花萼的颜色也更深，比起张扬的一串红，朱唇倒是多了几分内秀。

墨西哥鼠尾草（*Salvia leucantha*）是我觉得最有"萌感"的鼠尾草，不仅仅是因为它的花朵圆头圆脑，更重要的是花朵之上还有厚厚的绒毛，就像是穿了一件法兰绒外套。轻轻抚摸上去，柔软的触感从指间传来，甚是特别。只是有一点搞不懂：在墨西哥也需要穿抓绒吗？

鼠尾草家族成员众多，近年来越来越多的种类出现在城市绿化和造景中，来自北美南部的蓝花鼠尾草（*Salvia farinacea*）就是其中之一。不知为什么，蓝花鼠尾草还被扣上了一个假冒薰衣草的大帽子。很多朋友说蓝色薰衣草不香，那是当然的，因为大家看到的其实是蓝花鼠尾草。蓝花鼠尾草花朵的下唇瓣上有两个非常明显的白色斑点，那其实就是吸引传粉昆虫的"指路牌"。而昆虫吃花蜜的过程却不简单，这里面还藏着特别有趣的故事。

蜜囊花朵带机关

多年前，我还在广西进行兜兰的传粉生物学研究。为了搞清楚这些欺骗性花朵是如何迷惑那些传粉昆虫的，需要对周边的花朵都进行观察探究。

就在我用镊子剥开鼠尾草的花瓣，去探知里面的花蜜的时候，无意间触动了机关，发现鼠尾草的雄蕊居然是会动的。我很兴奋地与导师交流这个发现，结果我的导师罗毅波先生说，这种"雄蕊机关"其实早就被发现了，并且还是传粉生物学界的经典案例。当时真是只恨自己晚生了 200 年。

　　即便如此，每次观察鼠尾草的花朵，都能感受到大自然造物的神奇。一朵新鲜的鼠尾草花正在释放花粉，但花药却包裹在花瓣之内。不要着急，这是鼠尾草在等合适的传粉昆虫。鼠尾草的丁字形雄蕊就像一个跷跷板，跷跷板的一端是缩短的花丝，另一端是延长的药隔和花药，而跷跷板的"转轴"则固定在花瓣之上。

　　鼠尾草的花蜜储存在花瓣基部的管子里，要想吃到这口甜甜的美食，蜜蜂、熊蜂等昆虫"吃货"就需要努力把头探进去。这个时候，昆虫就触动了"雄蕊跷跷板"的一端——花丝，跷跷板的另一头——药隔和花药就会落下，砸在吃蜜吃得心满意足的昆虫背上。这就是传粉生物学界知名的"杠杆结构"。

　　接受花粉的花柱和柱头要到花粉释放完之后，才会伸到花瓣之外，接收外来的花粉。这样就保证了异花授粉的成功率，提高了种子的质量。

　　当然，也不是所有的鼠尾草都有杠杆结构，那些鸟类传粉的鼠尾草，比如红虾鼠尾草（*Salvia haenkei*）就没有。因为鸟类吮吸花蜜的时候，它们毛茸茸的脑袋正好触及花粉，也就不要跷跷板来帮忙了。

　　这就是大自然的神奇之处，没有墨守成规，一切都是为了生存。

让人意外的调料

    作为鼠尾草家族的明星，药用鼠尾草的身份有些特殊，它们不单单出现在花园之中，更重要的是出现在餐盘之中。第一次吃药用鼠尾草，还真感觉不太适应，明明是薄荷模样的小清新，却有胡椒的重口味，还伴随着一些特有的刺激味道。

    所以在西餐中，大厨特别喜欢把药用鼠尾草用于腌制肉类，制作奶酪及某些饮料。在英国与比利时，药用鼠尾草和洋葱搭档，被塞进烤鸡、烤肉内部，增添香气。在法国，厨师会把药用鼠尾草放在鸡肉和鱼肉之中，或者让它们成为蔬菜汤的调料。

在德国，药用鼠尾草常和香肠搭配在一起食用。在巴尔干半岛与中东地区，它是烤羊肉时不可或缺的调料。

药铺里面的老住客

我还清晰地记得在姥爷的药箱里，总是会有一小盒速效救心丸和一小盒复方丹参滴丸。在很长时间里，我对丹参的理解就是"炼成仙丹的人参"。后来才知道，所谓丹参，其实也是鼠尾草家族的成员。

丹参的外形比大多数鼠尾草都要粗壮，蓝色的花朵也更大一些。管它叫"参"只是因为外形相似，唇形科的丹参和五加科的人参并无直接的亲戚关系。当然，两者的化学成分更是迥然不同。

现代分析认为，丹参中的丹参酮和丹参酚酸对于对抗血小板凝集、维护心血管弹性有一定的好处，因而可用于治疗各种心血管类的疾病。只是就目前的实验数据来看，药效并没有大家想象的那么强悍。所以，千万不要把丹参当作灵丹妙药，有问题还是找医生。

这就是鼠尾草家族，一个庞大而多样的家族。每一个物种都在为自己的生存而努力，因而幻化出多姿多彩的形态、颜色和味道。这一切都需要我们细细品味，去感受自然的神奇。

啤酒花 HOPS

盛开在酒桶里的不腐之花

在我们身边有很多影响世界的生物，但是我们通常看不见它们的真身。比如改变美洲文明走向的疟原虫，比如很多朋友素未谋面但又熟悉它滋味的可乐原料可乐果。

我们今天要说的，是一个影响了世界饮料格局的植物——啤酒花。

一个小家族的大事业

顾名思义，啤酒花是酿造啤酒的花。但是只要看看它的长相，就会明白光靠这东西，是不可能酿出酒的。

啤酒花是桑科葎草属多年生蔓性草本植物，这个家族很小，同属的只有三种植物。它们的茎叶会顺着其他植物的枝干或者栅栏攀缘而上。

啤酒花并没有肉乎乎的果实，倒是会结出一个个像缩小版松塔的东西，那就是它的果序了。白绿色的部分不是花瓣，只是花朵的苞片，这就是人们喜欢的啤酒花。对了，必须补充一句，啤酒花是分"男女"的，只有雌性啤酒花才会结出这样的"花"，这点倒是跟大麻有几分相似。

虽然跟大麻沾亲带故（大麻家族也被划入了桑科），但啤酒花里可没有四氢大麻酚那样让人成瘾的可怕成分。啤酒的苦味主要是由啤酒花中的 α – 酸（由葎草酮、合葎草酮等组成的化合物）和 β – 酸（由蛇麻酮等组成的化合物）带来的。今天的我们肯定认为啤酒有爽口苦味是理所当然的，但其实，啤酒花用于啤酒酿造的时间并不长，最初的啤酒其实是甜的。

从甜变苦的啤酒

西方人喝啤酒的历史几乎跟西方文明的历史一样久远。在古埃及时期，为法老修建陵墓的工人就可以畅饮啤酒，那可是必要的报酬。据说曾经因为啤酒供应不及时而引发了工地的骚乱。

在西方传统中，啤酒其实是一种日常饮料。有人说，这是因为西方人喜欢酒精的刺激。其实这种说法有点本末倒置了，应该说，西方人是不得不选择酒精饮料。原因其实很简单：人类需要安全的饮用水。

饮用水安全问题是人类社会发展中必然会面对的问题。人类定居之后，因为人畜粪便的污染，如何获取洁净的饮用水就成了一大问题。在中国，通常用煮沸这种方式来解决问题，不管是煎茶，还是煮汤，终归是经过了高温处理。

而西方人选择了发酵。欧洲盛产葡萄，树上的葡萄很少被病菌污染；况且在酿酒过程中，发酵抑制了微生物生长，加上不易喝醉，葡萄酒几乎是完美的饮料。可是，葡萄酒太贵了，普通人喝不起，只能去喝另一种饮料，那就是啤酒。

在啤酒的酿造过程中，需要经过煮沸这道工序，所以就像中国的煮茶一样了。但是问题依然存在，酿造好的啤酒依然会因为感染杂菌惹上麻烦。18世纪之前，人类还没掌握消毒这门手艺，为了保存食物，必须使用食品添加剂，啤酒花最初就起到这个作用。更重要的是，正是这些苦味物质让啤酒有了特殊的清爽感觉和苦苦的滋味。1519年，在德国的巴伐利亚，威尔海姆公爵四世将啤酒花定为啤酒的法定"添加剂"。这个传统一直延续到今天。

这种苦苦的植物不仅让啤酒保存期变长，更带来特殊的风味，一举两得。欧洲大陆的饮水安全问题就多了一种完美的解决方案。

划伤皮肤的野生替代品

其实在我们身边还生活着很多啤酒花的兄弟，比如葎草。估计大家更熟悉它另外一个名字——拉拉藤。小时候在野地里疯跑，没少受这些草的折磨，一道道血痕就是它们的杰作。等到晚上回家洗澡的时候，那种触电般的刺痛感是永远都不会忘记的。

虽然葎草没有明显的尖刺，但仔细看葎草的茎秆，就会发现上面密密麻麻都是倒刺，这种草可不是好惹的。只是有一个问题我疑惑至今：兔子特别喜欢吃这种草，难道它们就不怕扎破嘴巴吗？

葎草同啤酒花一样也是雌雄异株的状态，并且它们的雌花序其实也可以代替啤酒花来使用，只是口味不如正版的而已。

啤酒瓶为什么都是深色的

啤酒花中的 α- 酸在日光下会分解产生一些碎片，这些碎片与啤酒中的硫化物结合，会产生 3- 甲基 -2- 丁烯基硫醇，这种物质有硫醇那种烂橡胶轮胎的臭气。啤酒中的这种气味被称为"日光臭"，所以啤酒瓶都要做成深色的，保证避光状态。那些号称新兴啤酒的白色玻璃瓶饮料，里面有没有真正的啤酒花就值得考虑了。

芫荽

CORIANDER

香臭两重天

在餐桌上经常会听到一句话叫众口难调，南人嗜甜，北人爱咸，鲁人嗜酱，川人爱辣。但是在很多场合，大家都会尽量克制自己的喜好，毕竟和气是中国人最看重的。但是有一种菜是很多朋友不能忍的，吃下去就像是引爆了炸弹——这种菜就是有人爱，有人恨，逼迫大家"站队"的芫荽。还有一种说法是，芫荽是半辈子菜，前半生喜欢，后半生就不喜欢，反之亦然。

这种说法有没有根据？对芫荽的喜好与什么因素相关？吃芫荽有什么好处吗？

远道而来的异香菜

芫荽更大众的名字叫香菜，前者听起来更乡土一些，殊不知芫荽才是这种植物的正名，它们从老家地中海区域传入中国的时候，就叫这个名字。想来也对，那么多人都觉得臭的菜，凭什么叫香菜呢？

虽然很多朋友对芫荽有强烈的抵触情绪，但是芫荽在很久之前就登上了人类餐桌也是不争的事实。埃及人在公元前5000年就开始使用这种香料植物了。当然，在西方，芫荽的使用部位通常局限于它们的果子芫荽籽。在西汉时，芫荽沿着丝绸之路传入中国，因此有了"胡芫"这个称谓。

吃芫荽是因为营养好吗

我们吃的芫荽的部位其实是它们的叶子，类似的情况还发生在芹菜身上，那些看起来硬挺的茎秆其实是它们的叶柄。与其他叶菜类蔬菜一样，芫荽的营养成分也是中规中矩：大量的水分是主角，再加上一些维生素A、维生素C、维生素K、矿物质、膳食纤维，就构成了芫荽叶子的营养成分表。这其中钙的含量尤为突出，可以达到67毫克/100克。这样看来，吃芫荽补充日常所需的维生素和矿物质也是一条正道。

基因决定我爱你

在喜欢芫荽的朋友看来，芫荽总是散发着花香和柠檬香，闻起来就让人食欲大增。但是，不喜欢芫荽的人会把它的气味形容为肥皂或者腐烂植物的味道。我听过最有创意的说法是，芫荽就像是臭屁虫的味道。不知道这位朋友是不是真啃过臭屁虫，但我可以肯定这种形容和嫌弃是发自内心的。

其实对于芫荽的爱和恨，早就写在了我们的基因当中。

是否喜欢芫荽与人类的一个基因 OR6A2 相关，这个基因控制着我们嗅觉受体的发育，决定我们对醛类物质的敏感性。芫荽的风味物质中含有大量的醛类物质，它的挥发油成分也比较复杂，我们吃的茎叶中，主要成分包括苯乙醛、癸醛、十一醛、十三醛、十四醛等。所以喜不喜欢芫荽真是基因决定的。

从统计数据来看，东亚人有 21% 讨厌这种气味，欧洲人有 17%，中东和南亚人则只有 3% ~ 7%，这大概也跟长期以来的饮食文化有关系，毕竟西方人已经吃了 7000 多年的芫荽了。

背负的谣言

有种说法说吃芫荽皮肤会变黑，这件事与芫荽中的呋喃香豆素有关，芹菜中也有大量的此类物质。这类物质在阳光作用下会成为破坏皮肤细胞的炸弹，同时诱发黑色素沉积。当然，只要控制摄入量，控制晒太阳的时间，注意防晒，就不用担心会变黑。

芫荽的吃法就像黄油一样随意，可以生拌，与黄瓜、辣椒等搭档成为老虎菜；可以热炒，与羊肚一起变身芫爆散丹；当然更可以作为馅料，出现在芫荽肉馅饺子中。只是，千万要理解那些不喜欢芫荽的朋友，他们真的不是矫情，而是发自内心地抗拒这种食物呢。

玫瑰茄 ROSELLE

不是玫瑰也不是茄

　　我们在生活中总会碰到一些似是而非的食物名称，这点在水果中尤其多见，比如椰枣不是枣，凤梨不是梨，腰果苹果不是苹果，菠萝蜜压根与菠萝没啥关系……更不用说我们今天提到的玫瑰茄了，它跟玫瑰和茄子毫无亲戚关系，倒是跟棉花沾亲带故。

　　近些年来，随着花草茶的异军突起，菊花、桂花、玫瑰花等特别的花朵开始出现在茶盏之中。玫瑰茄算得上个中翘楚，放两三朵玫瑰茄在玻璃杯中，冲上沸水，稍等片刻就会发现丝丝"红雾"从玫瑰茄上升腾而起，不多时，整杯水都会变成漂亮的紫红色。玫瑰茄茶有一种淡淡酸味（虽然我不喜欢），比较提神，配合午后阳光再合适不过了。不过，想想嘴巴里喝的是毛茸茸的棉花团的表亲，这美丽的茶饮是不是会有另一番滋味？问题来了：我们常见的花朵为什么泡不出如此靓丽的茶汤？这份靓丽会不会为我们带来更多的健康呢？

非洲来的红酸茶

玫瑰茄是锦葵科木槿属的植物，老家在非洲西部。比起蔷薇科的玫瑰和茄科的茄子，同属锦葵科的棉花与玫瑰茄的关系更亲近。与棉花能为我们提供纤维一样，玫瑰茄最初的功能也是提供纤维。只不过玫瑰茄的纤维并不是种子的附属物，而是由茎秆产生的。

同大多数锦葵科植物一样，玫瑰茄的韧皮部非常发达，提取出的纤维可以纺织成粗布。但是，这些纤维的柔顺度和舒适度都远低于棉花。所以，玫瑰茄的纤维如今只存在于一些怀旧的手工作坊制成的粗布里或者变成一些绳索了。大多数玫瑰茄在餐桌上获得了新生，在这里，它们成了时尚饮品。

在水杯中绽放的玫瑰茄为我们的下午茶添加了不一样的色彩，即便是玫瑰茄的碎屑也可以为混合花草茶增色不少。需要注意的是，我们喝的玫瑰茄饮品并不是花朵的花瓣，而是玫瑰茄肉质的花萼。

超越本职的萼片

在大多数朋友的印象中，花萼只是花朵上可有可无的存在。通常来说，萼片长在花朵的最外侧，就像缩小版的花瓣，通常是绿色的。在花朵开放之前，它们会包裹住整个花蕾，起到保护套的作用；当花朵开放之后，萼片就退居次要地位，大多数植物的萼片在果实成功授粉之后就脱落了。最具代表性的当数玫瑰和月季的萼片，这些绿色的三角片很难与花瓣一争高下。

但是神奇的自然界中，惊天大逆转时有发生。有些花萼就如玫瑰茄的花萼一样走上了重要的工作岗位。如果说玫瑰茄的出现还与人类有意的筛选和培育有关的话，那桑葚就是花萼天然膨大的典型代表，并且桑葚的多汁花萼还承担着重要的作用——吸引鸟兽进食，帮助桑树来传播种子。

茄科植物的花萼倒是也有几分执拗，比如，茄子的花萼、番茄的花萼还有辣椒的花萼都会伴随果实慢慢长大，直到变成果实头上的那个小帽子。只是这些花萼要么带刺，要么干硬，并不能成为餐桌上的一分子。

天然色彩能带来健康吗

目前有不少研究认为，像花青素、番茄红素和儿茶酚这些植物色素对人体健康是有好处的，因为这些物质都有比较强的还原性，能够清除人体内的自由基，从而降低癌症等疾病的发病率。但是，绝大多数实验结果是在体外培养的细胞中取得的，关于花青素在人体内的真实作用，仍缺乏足够的证据。况且食物中的花青素含量实在不高，比如被奉为新兴花青素来源的紫甘蓝，花青素含量为 64 ～ 90 毫克 /100 克，而在一项以小鼠为对象的花青素抗衰老试验中，每天要摄入 500 毫克 / 每千克体重的花青素才会有较为明显的效果。不过，有总比没有好，多吃这些蔬菜当作心理安慰还是不错的。

总有种误会，认为酸味就代表了丰富的维生素 C，实际上这两者并没有紧密的关联。玫瑰茄的酸味来自其中的有机酸，比如柠檬酸、苹果酸和酒石酸等，正是这些酸赋予了玫瑰茄特殊的风味。不过，上述有机酸可不是抗坏血酸（维生素 C）的标记物。拿我们熟悉的维生素 C "王者"——柠檬来说，每 100 克的维生素 C 含量是 45 毫克；100 克新鲜辣椒中，维生素 C 含量可以高达 146 毫克。至于新鲜的玫瑰茄，维生素 C 含量是 12 毫克 /100 克，只有柠檬的 1/3、辣椒的 1/12 左右，根本算不上什么高手。

玫瑰茄除了泡水之外，还可以制成果酱，据说味道与李子果酱接近，只是更酸。很遗憾，我还没有尝过，也算是对这种美丽植物的一个念想吧。

图书在版编目（CIP）数据

水果与香草：甜蜜芬芳的植物学／史军著. —桂林：广西师范大学出版社，2024.3（2024.5 重印）

ISBN 978 - 7 - 5598 - 6601 - 1

Ⅰ. ①水… Ⅱ. ①史… Ⅲ. ①植物 - 普及读物 Ⅳ. ①Q94 - 49

中国国家版本馆 CIP 数据核字（2023）第 228606 号

水果与香草：甜蜜芬芳的植物学

SHUIGUO YU XIANGCAO：TIANMI FENFANG DE ZHIWUXUE

出 品 人：刘广汉
策划编辑：杨仪宁
责任编辑：杨仪宁
装帧设计：DarkSlayer
插　　画：彭　媛

广西师范大学出版社出版发行

（广西桂林市五里店路 9 号　　邮政编码：541004）
（网址：http://www.bbtpress.com）

出版人：黄轩庄

全国新华书店经销

销售热线：021 - 65200318　021 - 31260822 - 898

山东临沂新华印刷物流集团有限责任公司印刷

（临沂高新技术产业开发区新华路 1 号　邮政编码：276017）

开本：720 mm×960 mm　　1/16

印张：12.5　　　　　　　字数：80 千

2024 年 3 月第 1 版　　　2024 年 5 月第 2 次印刷

定价：59.80 元